公共安全天空地大数据技术丛书

天空地一体化时空大数据平台关键技术

郑 坤 孙傲冰 陈前华 许永刚 等 编著

U0262725

国家重点研发计划项目（2018YFB1004600）资助

科 学 出 版 社

北 京

内 容 简 介

本书围绕建设天空地一体化时空大数据平台涉及的关键技术，从时空大数据平台的整体建设思路、时空大数据平台的架构出发，重点阐述时空大数据平台中的时空大数据管理与集成、时空大数据协同调度、时空大数据可视化等一系列关键技术，并对时空大数据应用平台进行详细分析，结合依托项目的示范应用，介绍天空地一体化时空大数据平台在智慧城市、数据治理、公共安全领域中的应用及效果。

本书适合时空大数据教育、科研、应用相关领域的学者、工作者及对时空大数据感兴趣的普通读者阅读。

图书在版编目（CIP）数据

天空地一体化时空大数据平台关键技术/郑坤等编著. —北京：科学出版社，2022.12
（公共安全天空地大数据技术丛书）
ISBN 978-7-03-073639-0

Ⅰ.① 天… Ⅱ.① 郑… Ⅲ.① 空间信息技术 Ⅳ.①P208

中国版本图书馆 CIP 数据核字（2022）第 201286 号

责任编辑：杨光华/责任校对：高　嵘
责任印制：彭　超/封面设计：苏　波

科学出版社 出版
北京东黄城根北街 16 号
邮政编码：100717
http://www.sciencep.com

武汉市首壹印务有限公司印刷
科学出版社发行　各地新华书店经销
*

开本：787×1092　1/16
2022 年 12 月第 一 版　　印张：13
2022 年 12 月第一次印刷　　字数：305 000
定价：108.00 元
（如有印装质量问题，我社负责调换）

《天空地一体化时空大数据平台关键技术》
编 著 组

（以姓氏笔画为序）

马明波　方发林　史云飞　仝太峰　朱冰芳

朱超凡　乔　宇　刘　娜　许永刚　孙傲冰

劳作媚　张　柱　张　显　张泽宇　陈前华

林宇峰　易云蕾　郑　坤　赵国强　赵新勇

莫展鹏　惠　波　慈谕瑶　熊　梦　戴　杰

"公共安全天空地大数据技术丛书"序

社会公共安全是影响社会稳定和长治久安的重要因素，是我国社会可持续发展和群众安居乐业的重要保障。经过长期发展，我国社会公共安全面貌已经得到大幅提升，但是某些典型事件的发生，特别是突发公共安全事件的发生，可能严重危及社会安全，需要采取预警和应急处置措施来应对治安管理、事故灾难、公共卫生等各类社会安全事件。公共安全事件往往具有突发性强、事物内在关系关联复杂、社会负面影响大、发生前具有征候性等特点，一直是政府管理和学术研究关注的重点内容。公共安全事件内在发展的机制探寻，是一个多领域、多部门、多学科融合发展的课题。

要推动这一目标的实现，必须采取多方协同的方式推进。随着我国推进"一带一路"空间信息走廊建设，以及加强"军民资源共享和协同创新"政策的提出，综合利用多源观测手段，以军警民紧密协同合作的形式，提升我国公共安全事件响应与处理能力业已成为国家重大需求。综合利用军警民天空地多源异构观测大数据，完成对公共安全事件的智能感知与理解，提升公共安全事件预测预警能力，符合国家大数据和军民融合战略，是社会公共安全事件管理的重大需求。

本套丛书面向社会公共安全事件理解中的重大问题开展深入阐述，从军警民融合、全天候目标感知、公共安全事件理解预测、服务平台4个层面规范和指导公共安全事件的感知理解和预警预测服务。天空地技术的融合，依赖于天空地海量多源异构数据汇聚与关联架构，实现跨时空、多尺度、多粒度的多源异构天空地观测数据的采集、汇聚与关联；通过有效融合多源异构观测数据，深度挖掘观测数据中的敏感语义信息，实现公共安全事件的演化预测；建立具有"跨网协同""跨系统协同""跨领域协同"能力的公共安全事件智能感知和理解系统，构建军警民深度融合机制并验证系统实战能力。

本套丛书内容是项目组多年研究成果的总结，具有很高的学术价值和技术引领作用。在社会发展转型的关键阶段出版本套丛书，有助于加强社会公共安全防范领域的理论和技术基础，有助于提升我国在反恐、治安管控等领域的全天候监测与预警能力，促进我国天空地大数据应用体系的完善，推动天空地大数据的市场应用。

希望本套丛书的读者共同思考和探讨社会公共安全的发展问题，通过推动军警民数据融合、技术发展和应用生态建立，促进军警民天空地一体化大数据的突破和广泛应用，有效提升业务感知与决策能力、智能化响应和处置能力。希望我国公共安全事业与本套丛书同步发展，不断探索核心关键技术，促进军警民天空地自主融合创新走上新的台阶，为"两个一百年"奋斗目标而不断努力奋进。

樊邦奎
中国工程院院士
2022 年 8 月

前　　言

近年来，随着人类生产活动的加剧及新型智能技术装备的不断涌现，具有时间、空间特征的时空大数据正呈爆炸式增长，并势不可挡地取代传统的空间数据而成为空间信息社会化应用的主要形式。

当前，建立健全的数据资源体系，推进跨地区、跨部门、跨平台数据汇聚融合和资源共享共治是建设数字中国、实现数字治理的重要目标。随着社会发展，数据精细化要求提高，各行业对天空地一体化时空大数据需求也包括了卫星数据、监测数据、网络数据等覆盖天空地的全时空数据。如何利用物联网、云计算、大数据等新一代技术，有效地将天空地时空大数据集成、共享，建立天空地一体化时空大数据平台支撑各行业应用是当前面临的重大挑战。

天空地一体化时空大数据平台是集卫星数据、监测数据、网络数据、公共专题数据、行业数据等时空数据为一体，具备获取、存储、处理、集成、共享、挖掘分析及服务等能力的技术系统。它既是集成信息资源的系统，又是信息交换共享与协同应用的中台，为应用系统提供时空基础，实现基于统一时空基础下的信息资源集成共享。

围绕天空地一体化资源整合、跨部门的大数据共享，促进时空大数据的标准体系建设，推动时空大数据在各领域行业中的发展应用这一国家重大需求，公安部第三研究所联合中国地质大学（武汉）、东莞中国科学院云计算产业技术创新与育成中心、苏州视锐信息科技有限公司、中国华戎科技集团有限公司、北京数字冰雹信息技术有限公司等多家单位，共同推动本书的编著工作。本书旨在全面、客观、系统地梳理天空地一体化时空大数据平台相关的关键技术和行业应用，根据各行业应用的实践、研究，总结时空大数据平台的需求、问题、应用，提出时空大数据平台建设内容。

本书可以帮助时空大数据教育、科研、应用相关领域的学者、工作者界定时空大数据的范畴和特征，明确时空大数据平台的总体目标和相关的研究基础。通过对天空地一体化时空大数据平台建设的背景、平台框架和关键技术的介绍，为时空大数据的调度、处理、集成管理、可视化等提供一个成熟的解决方案，让读者在天空地一体化时空大数据平台建设上有清晰的认知。全书共 7 章：第 1 章主要介绍天空地一体化时空大数据平台建设背景与意义，建设目标、建设思路与建设原则；第 2 章介绍时空大数据平台框架；第 3～5 章详细介绍时空大数据平台建设中涉及的关键技术，从时空大数据处理、调度、集成管理到可视化；第 6 章介绍时空大数据平台应用架构和部署架构等；第 7 章介绍时空大数据技术的一些典型应用案例。

由于时间有限，本书中难免存在不足之处，敬请读者指正。

作　者

2022 年 4 月

目　　录

第1章　绪论 ··· 1

　1.1　平台建设背景与意义 ··· 1

　　1.1.1　平台总体构成 ··· 2

　　1.1.2　数据分析 ··· 4

　　1.1.3　关键技术分析 ··· 5

　1.2　平台建设目标、建设思路与建设原则 ··································· 6

　　1.2.1　建设目标 ··· 6

　　1.2.2　建设思路 ··· 7

　　1.2.3　建设原则 ··· 7

　参考文献 ··· 8

第2章　时空大数据平台框架 ··· 9

　2.1　平台逻辑架构 ··· 9

　2.2　平台技术框架 ··· 10

　2.3　基于微服务的计算架构 ··· 12

　　2.3.1　微服务概述 ··· 13

　　2.3.2　微服务体系架构 ··· 14

　　2.3.3　微服务管理平台 ··· 15

　　2.3.4　微服务构建方法 ··· 15

　　2.3.5　微服务编排模式 ··· 16

　2.4　时空大数据实时计算框架 ··· 17

　　2.4.1　基于流的时空大数据实时计算架构 ···························· 17

　　2.4.2　时空大数据实时计算关键技术 ································· 18

　　2.4.3　基于边云协同的时空任务调度策略 ···························· 22

　参考文献 ··· 25

第3章　时空大数据管理与集成 ··· 26

　3.1　天空地时空大数据 ·· 26

　　3.1.1　特点 ··· 26

　　3.1.2　分类 ··· 27

　3.2　需求与挑战 ··· 28

　　3.2.1　高性能时空数据存储 ·· 28

　　3.2.2　时空大数据处理 ··· 29

3.2.3 多源异构数据一体化管理 29
3.2.4 时空大数据服务 29
3.3 时空大数据高性能云存储 30
3.3.1 基于列数据库的矢量数据存储 30
3.3.2 基于快照模型的时空栅格大数据存储 36
3.4 时空大数据处理 39
3.4.1 数据清洗与转换 40
3.4.2 时空网格处理 41
3.5 时空大数据一体化管理 43
3.5.1 二维空间数据组织 43
3.5.2 三维空间数据组织 44
3.5.3 分布式时空索引 47
3.6 时空大数据服务 50
3.6.1 二维空间数据服务 50
3.6.2 三维空间数据服务 55
3.7 地址匹配服务 59
3.7.1 地址实体语料库 60
3.7.2 地址实体抽取模型 64
3.7.3 地图知识提取算法 65
3.7.4 基于图卷积神经网络的地图与文本知识融合 66
3.7.5 智能地址匹配服务 68
参考文献 71

第4章 时空大数据链协同调度 72
4.1 数据协同链 72
4.1.1 含义 72
4.1.2 系统定位 74
4.2 工作流调度 74
4.2.1 工作流调度引擎 76
4.2.2 协作引擎 77
4.2.3 批处理引擎 78
4.3 跨平台异构服务编排调度 79
4.3.1 开放服务代理技术 81
4.3.2 自定义业务流程技术 81
4.3.3 异步调用机制 82
4.3.4 多云应用自动化部署技术 83
4.4 数据协同计算任务调度 84
4.4.1 基于预分类算法的云边自适应 AI 计算任务调度 85
4.4.2 基于模型预分层的 AI 计算任务调度 88
参考文献 90

第5章 时空大数据可视化 ··· 91

5.1 可视化概述 ·· 91
　　5.1.1 可视化方式 ··· 91
　　5.1.2 可视分析方法 ··· 92
　　5.1.3 可视化趋势 ··· 93
　　5.1.4 可视化目标 ··· 94
5.2 时空大数据可视化基础 ··· 94
　　5.2.1 流式地图与时空立方体 ·· 94
　　5.2.2 高维时空大数据可视化 ·· 95
　　5.2.3 时空大数据三维可视化 ·· 98
5.3 时空大数据可视化渲染 ··· 100
　　5.3.1 可视化渲染概述 ·· 100
　　5.3.2 智能化全尺度渲染 ·· 101
　　5.3.3 分布式渲染 ·· 102
　　5.3.4 集群协同渲染 ··· 103
　　5.3.5 关键技术 ··· 104
5.4 面向虚拟地球的时空大数据绘制 ··································· 105
　　5.4.1 面向虚拟地球的模型数据绘制 ··································· 105
　　5.4.2 面向虚拟地球的场数据绘制 ······································ 107
5.5 时空大数据可视化分析框架 ··· 109
　　5.5.1 时空关系表示 ··· 109
　　5.5.2 多视图协同可视化框架 ·· 110
参考文献 ··· 111

第6章 天空地一体化时空大数据平台构建与应用 ··················· 113

6.1 平台应用架构 ·· 113
　　6.1.1 网络架构 ··· 113
　　6.1.2 平台依赖关系 ··· 115
　　6.1.3 平台安全架构 ··· 116
6.2 数据协同保障 ·· 117
　　6.2.1 基于微服务的容器化部署 ··· 117
　　6.2.2 基于容器的服务编排 ··· 119
6.3 平台功能架构 ·· 124
6.4 数据融合 ·· 125
　　6.4.1 数据采集汇聚 ··· 125
　　6.4.2 空间处理 ··· 128
　　6.4.3 数据引擎 ··· 130
　　6.4.4 元数据管理 ··· 131
　　6.4.5 数据模型设计 ··· 133

6.4.6　数据质量管理 ··· 134

6.5　数据服务 ··· 143

    6.5.1　原始数据服务 ··· 144

    6.5.2　地图服务 ··· 144

    6.5.3　检索分析服务 ··· 144

    6.5.4　分析挖掘服务 ··· 144

6.6　可视化引擎 ··· 145

    6.6.1　可视化图表 ··· 145

    6.6.2　可视化要素 ··· 146

6.7　数据应用 ··· 146

    6.7.1　动态数据获取 ··· 147

    6.7.2　数据管理 ··· 147

    6.7.3　分析量测 ··· 148

    6.7.4　模拟推演 ··· 148

    6.7.5　大数据挖掘 ··· 149

    6.7.6　大数据管理 ··· 149

    6.7.7　总体一张图 ··· 150

    6.7.8　个性化界面 ··· 150

参考文献 ··· 150

第7章　应用案例 ··· 151

7.1　智慧城市应用 ··· 151

    7.1.1　背景及需求 ··· 151

    7.1.2　总体设计 ··· 152

    7.1.3　系统功能 ··· 153

    7.1.4　案例 ··· 160

7.2　时空大数据治理应用 ··· 161

    7.2.1　背景及需求 ··· 161

    7.2.2　总体设计 ··· 161

    7.2.3　系统功能 ··· 164

    7.2.4　案例 ··· 173

7.3　公共安全应用 ··· 174

    7.3.1　背景及需求 ··· 174

    7.3.2　总体设计 ··· 175

    7.3.3　系统功能 ··· 179

    7.3.4　案例 ··· 192

参考文献 ··· 193

第1章　绪　　论

互联网、物联网技术的发展，带来了全球信息数据的快速增长。据不完全统计，全球数据总量已突破 53 ZB（1 ZB≈1×10^{12} GB），并始终保持着指数式增长。随着我国"新基建"的不断推动和数据应用的不断发展，可获得的数据仍将保持高速增长，以大数据驱动促进社会、经济快速发展的时代已经来临（李国杰 等，2012）。

世界是由物理世界、人类社会和信息世界所组成的三元世界（林海伦 等，2017）。物理世界就是客观存在的真实的世界，人类社会就是人类群体及其社会化的活动的总和，信息世界是用信息化技术构建的互联网空间，即客观存在的虚拟空间。信息技术的发展决定了信息世界将覆盖人类社会和物理世界的所有事物及其相互活动行为等，并且信息世界对物理世界和人类社会的影响巨大，数据在信息世界中的流动，可以取代人的活动，支持人的决策和思考。

时间和空间是描述客观事物最基本的维度，时空数据是以地球为对象，基于统一时空基准的要素信息数据。特别是综合对地观测、场景监测、网络，蕴含了巨大的价值，是信息世界发展建设的数据基础。天空地时空大数据不仅包含天、空、地、网的数据，还包含过去、现在、未来的时空数据；不仅具有一般大数据的典型特征[5V: Volume（大量）、Variety（多样）、Velocity（高速）、Value（价值）、Veracity（真实）]，同时也具有位置特征、时间特征、属性特征、尺度特征、多源异构特征、多维动态可视化特征（程学旗 等，2014）。如何对天空地时空大数据进行集成、管理、分析挖掘，建立一体化时空大数据平台，达到时空大数据的高效应用，为新模式、新知识和新规律的发现、应用提供基础，为各行业的数字化管理和应用提供全面的支撑，是当前研究的热点。

当前我国加大了云计算、大数据、5G 相关新型基础设施建设的投入，开展了更多围绕天空地时空数据的新型基础设施建设，推进数字中国建设进程，积极参与全球数字化建设，健全了时空大数据管理及应用的基础设施，也为全领域天空地一体化时空大数据平台的建立、发展奠定了基础。

1.1　平台建设背景与意义

随着"一带一路"建设的推进，统筹利用我国现有和规划发展的天基、地面设施资源，综合利用卫星和航拍影像、地面跨时空视频、网络数据、电磁信息和地理信息等多源数据，实现地面网络和设施的互联互通，支撑"一带一路"沿线国家重点领域的综合应用，提升"一带一路"资源整合、文化传播、社会治理、公共安全事件响应与处理等能力已成为国家发展的重大需求（胡伟 等，2015）。互联互通、共建共享、开放合作是"一带一路"的合作共识，大数据技术为达成这一共识提供了理念指引与技术支撑。

大力发展大数据技术及相关产品与服务是我国"十三五""十四五"的重要目标,重点包括"实施国家大数据战略""加快数字化发展建设数字中国"等促进大数据体系建设的规划纲要。2016年科技部等部门联合印发了关于《推进"一带一路"建设科技创新合作专项规划》的通知,在通知中提到"加快数据共享平台与信息服务设施建设""共同开展大数据、云计算、物联网、智慧城市等领域的合作与应用",实现数据资源的关联融合和服务共享。2018年,工业和信息化部发布了《关于工业通信业标准化工作服务于"一带一路"建设的实施意见》,明确运用物联网、云计算、信息技术服务、大数据、人工智能等技术推进"一带一路"的建设(工业和信息化部,2018)。2020年,公安部根据国家的总体战略部署,"大力加强公共安全治理体系建设",围绕国家建设科技强国、网络强国、数字中国目标,持续推进公安大数据智能化建设应用,健全完善大数据支撑下的高效警务运行体系,进一步提升大数据服务实战应用能力(赵克志,2020)。

无论是传统数据技术还是通用大数据技术,都无法全面有效应对各种时空大数据应用场景。目前时空大数据的研究技术正处于高速发展阶段,但成熟的技术产品尚未形成,如何利用物联网、云计算、大数据等新一代技术,有效地将天空地时空大数据集成、共享及应用,建立天空地一体化时空大数据平台支撑各行业应用是当前面临的重大挑战。

面对天空地一体化资源整合、跨部门的大数据共享,促进时空大数据的标准体系建设,推动时空大数据在各领域行业中的发展应用这一国家发展的重大需求,在科技部、公安部组织下,公安部第三研究所联合中国地质大学(武汉)、东莞中国科学院云计算产业技术创新与育成中心、苏州视锐信息科技有限公司、中国华戎科技集团有限公司、北京数字冰雹信息技术有限公司,依托国家重点研发计划项目,以天空地一体化资源整合、跨部门的大数据共享、服务及应用为建设目标,共同研究了天空地一体化时空大数据平台关键技术。

天空地一体化时空大数据平台利用物联网、云计算、大数据、人工智能等先进技术,联动监控摄像、移动感知、卫星遥感等设备,全面集成海量时空数据,提高对数据的管理能力,挖掘数据背后更大的价值,最后支撑各行业应用。因此,一个标准化、可通用的天空地一体化时空大数据平台的建设价值和意义十分重大。平台在我国"一带一路"涉及的重要地区开展了实地应用,为研判公共安全和应对突发事件风险提供了数据资源基础,提高了对突发事件的处置、救援等各个环节的科技水平。

1.1.1　平台总体构成

天空地一体化时空大数据平台要实现天、空、地数据及各类公共专题数据、业务专题数据的关联、融合,并接入多类型行业应用数据,基于统一的时空大数据组织与海量数据管理,融合互联网资源,形成时空大数据资源池,打造时空大数据集成共享体系;通过高性能时空云计算,依托动态任务调度,构建时空大数据实时计算框架,进行时空数据协同,推动数据资源共享共治;利用时空数据可视化技术,将大数据在时空序列上进行展示与分析,支持各部门的业务化服务,达到跨地区、跨部门、跨平台的数据资源汇聚融合、共享共治及协同应用。

天空地一体化时空大数据平台汇集了遥感卫星、无人机、摄像头等感知设备，网络通信和计算存储等基础设施产生的时空数据，包括卫星遥感数据、监测数据、公共专题数据、互联网数据及业务特色数据，对这些数据从获取、感知、存储、处理到集成共享、挖掘分析，最后将数据服务提供给各应用系统。其平台构成如图 1.1 所示。

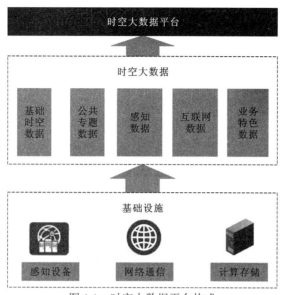

图 1.1　时空大数据平台构成

综合时空大数据平台的认识和建设实践（马照亭 等 2019；杨梅 等 2019；向红梅 等，2017；Yuan et al.，2007），在时空大数据平台的建设过程中，虽然平台的运行方式、建设需求和解决的问题等存在差别、各具特色，但是其整体框架有许多相同点，一般都包括感知层、网络层、计算存储设备设施层、时空大数据层、服务层和应用层，以及安全保障体系和标准保障体系，其结构如图 1.2 所示。通过卫星、航天器、无人机、雷达、摄像头等感知设备获取原始感知数据，然后经过通信网、互联网、局域网各类专网等进行网络传输，将数据汇聚接入至某处，再经过数据加工处理形成标准化的数据，完成数据共享与统一管理并进行应用。

时空大数据包括业务数据、运营数据、感知数据等时空基础数据；面向不同行业领域应用，还提供各类数据服务，是支撑应用的重要组成。平台运行依赖的物理环境是计算设备、存储设备和网络设备，软环境支撑是有相关的政策机制的制度安全保障体系和有标准规范的标准保障体系。

天空地一体化时空大数据平台作为大数据应用系统的重要组成部分，不仅是大数据应用系统的基础信息资源集成平台，也是应用系统进行信息交换和协同应用的平台，为空间和时间构成的多维环境中的应用系统提供时空基础，实现基于统一时空基准的信息资源集成共享。

构建天空地一体化时空大数据平台，需要建设基础设施环境、业务服务支撑体系和专题应用系统，为天空地一体化时空大数据平台的用户提供支撑技术，并奠定跨部门协同办公和监管的基础。

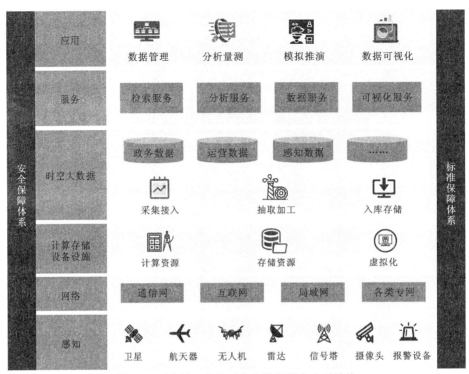

图 1.2　天空地一体化时空大数据平台典型结构

1.1.2　数据分析

天空地一体化时空大数据平台建设的核心是多源异构时空大数据管理，主要包括基础层、公共数据层、监测层、特色层和管理层的数据。基础层是基础地理空间数据，包括卫星遥感数据，以及由行政区域界线、水系、植被、地名地址等数据构成的基础地理信息。公共数据层是公共管理和服务机构提供的数据。监测层是感知设备数据和网络爬取数据。特色层是业务特色数据。通过数据规范整理将公共数据层、监测层、特色层数据与基础层数据进行套合叠加。管理层管理过程产生的数据，随管理业务实时产生，主要是日志文件和统计表格。

1. 多源异构数据

时空大数据来源各异，有飞机、卫星的航拍遥感数据，加工处理的基础地理数据，也有无人机图传数据及摄像头等设备的实时感知数据；数据结构各异，非结构化数据例如图像数据、文本数据，半结构化数据例如超文本标记语言（hypertext markup language，HTML）、JavaScript 对象简谱（javascript object notation，JSON）、可扩展标记语言（extensible markup language，XML），结构化数据例如表格数据。

2. 数据特性

时空数据信息化具有的空间特性、可视化特性及空间分析特性，可以提供空间定位服务、可视化的数据管理服务及空间分析服务（宋冰 等，2020）。例如社会公共安全生态系统中，利用监控视频、车辆卡口、车辆数据、人员数据、事件数据等组成安全感知网络，构建时空大数据，把特定场景的各种活动，从时间和空间两个维度记录下来，利用人员识别检测、车辆检测和异常行为识别等模型服务，获取各种潜在风险的预警信息，为建设社会公共安全体系提供技术支持。

3. 数据价值

通过建立时空大数据平台，可以最大限度地发掘时空大数据的利用潜能，促成各部门形成"用数据说话、用数据决策、用数据管理、用数据创新"的管理新机制，有效发挥时空大数据的基底服务功能，有效支持各应用体系的集约建设，并控制时空大数据的合理使用，建设安全好用的大数据中心，从而提高整体管理水平。

1.1.3 关键技术分析

针对时空大数据具有容量大、增速快、时空多维性、多尺度与多粒度、多元异构等特点，设计统一的时空大数据组织与海量数据管理方法，实现不同类型的时空大数据的有效管理；设计基于云计算的动态任务调度方法，提升时空计算时效性与系统计算性能；针对大数据时代的数据孤岛问题，设计时空数据协同链并在此基础上进行时空数据的流式调度，推动数据资源共享共治；时空分析在来源不同、粒度不同、类型不同的多模态数据中整合彼此的增益信息，利用时空可视化技术进行有效的数据融合，从而实现数据特征降维、聚类分析、关联分析及分类预测。

1. 时空大数据的统一组织及海量数据管理与集成

随着新兴技术的发展，时空数据的增长尤为迅速，各部门、各单位对基础时空数据、公共专题数据和业务特色数据的时空一体化应用需求更加凸显，在统一的时空基准、统一的标准规范、统一的时间维度及分辨率下对基础地理信息、公共专题数据和业务专题数据及社会舆情等互联网数据进行叠加，形成时空大数据资源池，为各类应用形成资源服务体系，最终达到以时空序列方式表示集基础地理数据、各业务专题数据及互联网数据于一体的时空"一张图"，帮助业务部门基于时空序列对数据进行展示与分析，支持对业务的个性化服务。

2. 时空大数据实时计算框架

随着云计算技术的发展与应用，将各类基础设施资源如计算、存储和网络等进行资源池化，能有效降低软硬件资源的投入，并将资源最大化利用。时空大数据平台需建立高性能的时空大数据实时计算框架和高性能、高并发的时空流任务调度机制，扩展当前主流基础设施即服务（infrastructure as a service，IaaS）解决方案的资源池化能力，深度整合平台资源和底层的基础设施资源，构建资源池，实现多级动态时空任务调度，提高计算资源智能弹性调整的能力。时空大数据平台随着时空数据的数据量、计算时效、数据时空关联性等条件的变化，配置动态计算策略，通过时空流计算框架动态将计算任务调度到不同资源状态的边缘云服务器上；针对有规律可预期的计算任务波动，配置定时调度策略，达到定时/周期性伸缩的目的。

3. 数据协同

随着大数据时代的到来，相关业务部门纷纷建立大数据中心，数据散乱，导致数据孤岛的形成。充分利用数据特性、挖掘数据价值，提高数据质量，使数据散乱、数据孤岛、数据低质等问题得以解决，达到提高数据治理和数据运营能力的目的。从简单的数据收集效率与保存能力提升为广泛、多元、个性的数据需求与供给能力、数据统筹与协调能力，从单纯的数据执行转变为数据治理，推动数据资源共享共治，形成数据协同。

4. 时空大数据可视化

数据可视化表示被定义为一种以某种形式提取的信息，包括相应信息单元的各种属性和变量。随着计算机图形学的快速发展，数据可视化不仅仅只是简单地把数据变成图表，还要以数据为工具，以可视化为手段，达到描述真实、探索世界的目的。利用计算机对抽象信息进行直观展示，帮助用户多角度查看数据运营状况，多主题探查业务内容的核心数据，增强认知能力，从而做出更精准的预测和判断。

1.2 平台建设目标、建设思路与建设原则

1.2.1 建设目标

利用物联网、云计算、大数据、人工智能等技术，建立一个集卫星数据、公共专题数据、监测数据、行业特色数据等天空地时空数据为一体的获取、感知、存储、处理、集成、共享、挖掘分析及服务的天空地一体化时空大数据平台，达到天空地一体化资源整合、跨地区、跨部门、跨平台的大数据共享、服务及应用，是天空地一体化时空大数据平台建设的主要目标，不仅仅是简单建设完成，还应从以下多方面进行考虑。

（1）安全优先，响应至上。把安全优先、响应至上作为天空地一体化时空大数据平台建设的重要要求，更加注重数据安全服务保障，提高数据集成共享，提升自主可控能力，促进集约建设。

（2）突出特色，体现共性。既要着眼地区特色，切实提升试点区域城市公共安全预测水平，也要放眼全国对天空地大数据的共性需求，为天空地一体化大数据平台的推广提供经验。

（3）注重标准，培育产业。同步开展平台的标准建设，以时空大数据平台建设经验建立平台标准，提供平台推广的标准环境；依托实际建设促进平台体系的发展，建设经验促进技术创新，使核心技术在实践中得到提升和验证，并推动相关产业发展。

1.2.2　建设思路

天空地一体化时空大数据平台的建设可实现天空地一体化及各类公共专题数据、业务专题数据的关联、融合，并接入多类型行业应用数据，基于统一的时空大数据组织与海量数据管理，通过云计算及动态任务调度，融合互联网资源，进行数据协同，支持各部门的业务化运行，推进一体化大数据的积极探索。

（1）建立时空大数据汇聚机制，推动数据整合及应用。时空大数据汇聚是为数据资源统一管理提供一个基底、一个平台、一套数据的基础支撑。利用时空大数据的汇聚及基础性作用，推动数据治理，推进平台建设成果的广泛应用，为管理工作提供支撑服务。

（2）整合多方优势资源，开展时空大数据平台建设。充分集成各方信息资源，基于安全可靠的网络，利用云计算、大数据等新兴信息技术，建立天空地一体化时空大数据平台。

（3）依托顶层设计，搭建专题业务系统。依托一体化信息化顶层设计，推进业务部门的业务整合与流程优化，探索"互联网+"的集成应用，以进一步提高业务部门管理的工作效率。

（4）围绕业务工作流程，实现跨部门协同应用。围绕业务工作的整体流程，开展多部门间的协同应用。通过建设多部门协同应用，实现数据在业务流程中的及时更新，达到"数据协同、业务共享"的目的。

（5）依托数字城市的发展框架，形成长期有效的运作体系。利用大数据技术整合打造的时空大数据平台，不只为各类专题应用做基础支持，也会借助专题应用进行推广，从而不断地完善时空大数据平台本身的功能，这是一种长期的循环、上升的发展过程。

1.2.3　建设原则

天空地一体化时空大数据平台的天、空、地数据呈现出容量大、增速快、时空多维性、多尺度与多粒度、多元异构等特点，为了更好地建设平台，在平台建设期间需要遵循包括开放性、继承性、安全性、智能化和重点化原则。

（1）开放性原则。天空地一体化时空大数据平台的整体架构是开放的。一方面，不仅能共享基础设施资源和原始数据资源，还能共享数据服务及接口；另一方面，利用物联网和互联网技术，感知信息、爬取信息和传输信息。

（2）继承性原则。天空地一体化时空大数据平台的建设在云计算服务的理念和思想基础上，依托云计算、大数据、物联网等新信息技术，不断更新、扩充平台的技术框架，建立统一时空基准的时空大数据平台。

（3）安全性原则。在时空大数据平台建设过程中，汇聚了多种数据，有基础数据、公共专题数据、监测数据、业务数据等，平台在建设过程中需考虑并保障数据完整和数据安全，预先设置安全保障规则，进行网络安全和用户权限设计，避免因误删或泄露造成的数据安全问题。

（4）智能化原则。通过实时获取、在线抓取、实时计算、任务协同等功能，完善平台的数据资源，让平台能依据不同的要求自行进行查漏补缺，达到智能化学习的目的。

（5）重点化原则。天空地一体化时空大数据平台建设应把建设重点放在时空大数据管理与集成建设、时空大数据实时计算和动态任务调度建设上，体现数据协同的特点。

参 考 文 献

程学旗, 靳小龙, 王元卓, 等, 2014. 大数据系统和分析技术综述. 软件学报(9): 1889-1908.

工业和信息化部, 2018. 工业和信息化部关于工业通信业标准化工作服务于"一带一路"建设的实施意见. 中国信息化(11): 16-19.

胡伟, 刘壮, 邓超, 2015. "一带一路"空间信息走廊建设的思考. 工业经济论坛(5): 9.

李国杰, 程学旗, 2012. 大数据研究: 未来科技及经济社会发展的重大战略领域: 大数据的研究现状与科学思考. 中国科学院院刊, 6: 647-657.

林海伦, 王元卓, 贾岩涛, 等, 2017. 面向网络大数据的知识融合方法综述. 计算机学报, 40(1): 27.

马照亭, 刘勇, 沈建明, 等, 2019. 智慧城市时空大数据平台建设的问题思考. 测绘科学, 44(6): 279-284.

宋冰, 龙毅, 张翎, 等, 2020. 旅游时空大数据: 概念、分类与应用. 现代测绘(6): 14-18.

向红梅, 郭明武, 2017. 城市地理时空大数据管理与应用平台建设技术和方法研究. 测绘通报(11): 91-95.

杨梅, 周勍, 杨卫军, 等, 2019. 智慧城市时空大数据汇聚系统关键技术研究. 测绘与空间地理信息, 42(9): 78-80, 84.

赵克志, 2020. 在公安部直属机关干部大会上的讲话. 人民公安报, 2020-11-03(1).

YUAN M, HORNSBY A, 2007. Computation and visualization for understanding dynamics in geographic domains: A research agenda. Boca Raton: CRC Press.

第2章 时空大数据平台框架

时空大数据平台作为承担着实现时空服务呈现、时空服务逻辑、时空数据管理及运营支撑等角色的业务平台，是时空数据服务最为核心的基础设施。由于时空大数据服务是一个新兴的发展领域，时空大数据平台如何适应时空大数据服务自身不断的发展是当前面临的挑战。一方面，新的时空服务不断推出，在时空服务平台的框架下如何支持不同数据、不同业务的时空服务快速推出是一个难题；另一方面，不同行业领域的时空服务平台之间呈竖井结构，很难实现时空服务之间的紧密联系和组合，在阻碍时空数据服务发展灵活性的同时，使时空数据服务平台的管理日趋复杂（吴昊旻 等，2008）。此外，由于天空地时空大数据的激增，时空大数据的处理、分析等需求急剧增加。面对大体量、多源异构、多维、计算复杂的时空大数据，如何克服传统云计算分析性能不足，提升实时高效的时空计算任务处理能力是当前时空大数据平台的挑战之一。

因此，天空地一体化时空大数据平台需要秉持开放性、继承性、安全性、智能化和重点化原则，最大限度地利用计算资源的优势，结合边云协同、流计算等先进技术，处理包括卫星数据、专题数据、监测数据等天空地时空数据，提升时空计算的实时性能，提供一套面向天空地一体化应用的平台计算框架，为基于时空大数据平台的跨部门协同服务与应用奠定基础。

2.1 平台逻辑架构

时空大数据平台逻辑架构主要反映时空大数据平台与已有时空服务平台或系统之间的关联关系。构建时空大数据逻辑架构，对实现时空服务之间的紧密联系和组合、提升时空数据服务发展灵活性具有重要意义。在对各级政务平台、大数据云平台、警务平台、安保平台、专题应用系统等平台充分调研的基础上，本节提出针对天空地一体化时空大数据平台逻辑架构的整合思路，具体如图 2.1 所示。

（1）与政务平台、警务平台、安保平台等平台的关系。天空地时空大数据平台为各种政务平台、警务平台及安保平台等提供云服务。同时，政务平台、警务平台等信息云平台可以为时空大数据平台提供各种政府专题数据和服务，实现天空地时空大数据平台与已有平台间的数据交互与服务共享。

（2）与空间数据库的关系。天空地时空大数据平台可充分利用空间数据库中的资源。在平台实际搭建过程中，空间数据库可以作为云端，为天空地时空大数据平台提供各种数据服务。

（3）与外部专题应用系统的关系。天空地时空大数据平台可为安保指挥系统、可视化调度系统等专题应用系统提供各种数据服务与外部接口，外部专题应用系统可以注册到天空地时空大数据平台中，实现各类专题数据的共享使用。

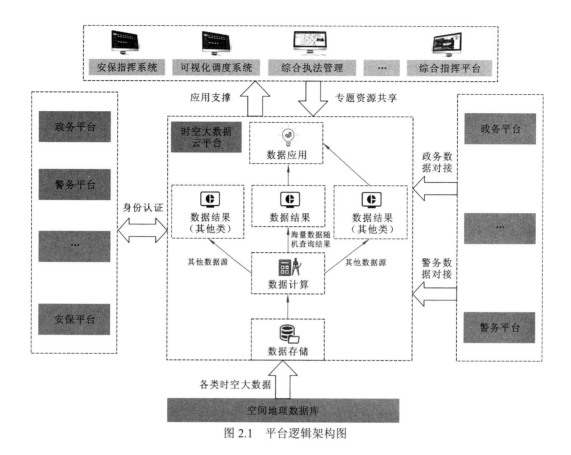

图 2.1　平台逻辑架构图

（4）时空大数据云平台内部关系。平台可将从空间地理信息库对接到的各类数据进行高性能存储管理，并提供相应的高性能计算方法与智能检索方法。针对计算后的结果数据集，平台根据其类型分为海量数据随机查询结果与其他数据源结果，最后将结果数据进行时空融合输出，提供给专业人员进行下一步的时空分析。

2.2　平台技术框架

平台基于云计算、大数据实时计算、任务调度等先进技术，集成卫星数据、无人机数据、监测数据等时空信息大数据，通过建立时空大数据实时计算框架与基于微服务的分布式计算框架，搭建时空大数据平台计算框架。通过建立数据服务引擎、地名地址匹配服务引擎、业务流引擎及知识化引擎，形成时空大数据平台服务体系。平台的构建按照以下 4 个阶段展开建设，如图 2.2 所示。

第一阶段构建平台的基础设施层。基于虚拟化平台，建立"分布式存储、逻辑式集中、一站式服务"架构，建立统一的分布式存储资源池、分布式计算资源池和网络资源池，提高时空大数据平台的资源利用率及灵活性，降低平台资源消耗。

第二阶段通过建立统一的数据标准规范，保证多源数据需求的一致性。在此基础上，通过对卫星数据、无人机数据、雷达数据、探测数据、监测数据、业务数据和基础地理

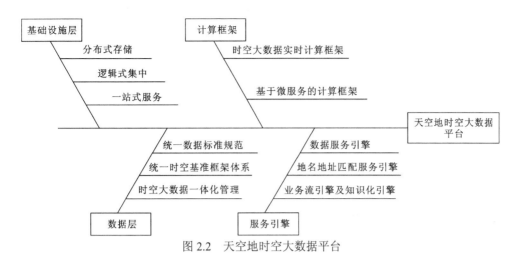

图 2.2　天空地时空大数据平台

信息数据进行统一集成处理，确保在统一的时空基准下按时间顺序存储，实现多源异构时空大数据的一体化管理。

　　第三阶段通过建立时空大数据实时计算框架与基于微服务的计算框架，为各种时空数据服务提供高并发、高实效、高性能的计算服务。时空大数据平台框架聚焦高性能数据传输和任务调度，最大限度地利用计算资源的优势，提升系统网络的实时性能，满足各种业务的实时需求。

　　第四阶段通过建立数据服务引擎地名地址匹配服务引擎、业务流引擎及知识化引擎等各类服务引擎，为各种业务应用提供按需服务。

　　在构建时空大数据平台各过程中，结合各阶段相关工作，提出由基础设施层、数据层、基于微服务的计算架构、实时计算框架、平台层与应用层组成的时空大数据平台，如图 2.3 所示。

　　在基础设施层中，基于虚拟化平台，对存储、计算及网络进行统一的管理，提供给上层使用；数据层中通过建立统一的空间数据处理标准和统一的资源汇聚标准，实现基础地理信息数据、卫星数据、雷达数据、探测数据、业务数据及监测数据等天空地时空数据的一体化管理。

　　与单体应用相比，微服务更加注重服务的独立、自主、高效，可以很好地解决时空大数据服务开发与管理存在的重耦合、迭代开发难、维护管理低效等问题。建立基于微服务的计算架构，通过微服务具有的服务注册、服务发现、服务网关、负载均衡等相关组件，实现微服务进行联络、监控、管理，保证微服务之间快速、准确的通信。

　　在时空大数据平台实时计算框架中，基于微服务架构，以及边云协同、数据流化、任务动态调度及任务加权映射等关键技术，充分利用分布式计算资源，设计具有高效率、低延迟、动态可维护的高性能时空数据实时服务计算框架，提供高性能、高并发及高时效的时空数据服务。

　　在平台层中，基于微服务架构与时空大数据平台实时计算框架，平台以一体化数据管理服务、知识服务、数据可视化服务、智能地址匹配服务及二三维数据服务等服务为核心，为平台中的各类业务提供各类服务。

　　在应用层中，以时空大数据平台为基础，提供各种接口服务，协助相关部门开展智慧国土、智慧管理、安全预警及智慧环保等示范应用。

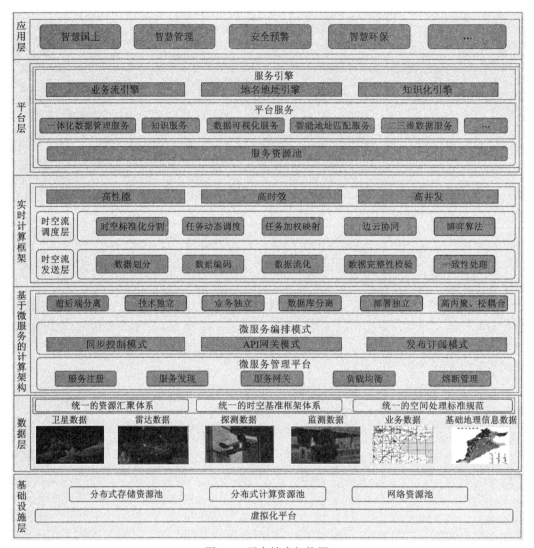

图 2.3　平台技术架构图

API：application programming interface，应用程序接口

2.3　基于微服务的计算架构

在云计算流行以前，应用通常被构建为单个可执行、可部署的进程来提供服务，但随着应用的复杂度提升，带来了应用管理难度的提升，单体应用难以做到"高内聚、松耦合"。当其中一个模块出现故障时，会影响整个应用；其中一个模块更新时，整个应用需要重新编译、重新发布，使得服务的更新管理变得更为复杂困难。微服务将业务拆分为多个微小服务，各服务独立自主，为以上问题的解决提供了一个全新的解决方案。在天空地一体化感知与理解平台建设中涉及多个现有业务系统，涉及的开发语言与技术栈不尽相同，且每个业务系统的管理相对独立。基于以上基础，本节提出由多个虚拟计算节点组成的分布式计算架构，具体如图 2.4 所示。

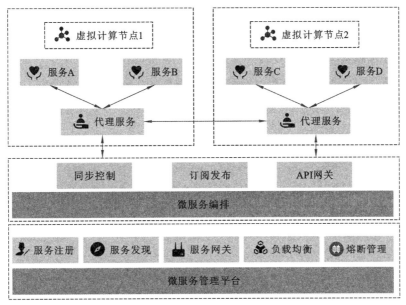

图 2.4 基于微服务的分布式计算架构图

基于微服务的计算架构，将时空大数据平台涉及的各种计算服务以网格节点的方式进行分散统一管理，其中各计算节点分散部署不同的服务，每个服务的数据库、开发语言、开发技术等都是独立的；控制平台通过网络将各个分散的服务统一管理起来，对外屏蔽复杂的分布式系统的通信问题，使得各业务系统更加关注于自身业务。

2.3.1 微服务概述

微服务的发展是随着应用需求变化发展起来的，最初软件相关的需求较为简单，常常使用一个独立的单体应用就可以支持系统需求，而且单体开发方式具有快速便捷的特点，能够快速响应系统需求。但是随着需求变化越来越频繁，单体应用的快速交付造成后期维护管理的极大麻烦，往往只是更新系统的某个较小模块，而需要对整个应用进行重新打包、更新，且在更新过程中将导致整个服务的长时间不可用，使得用户体验极为不友好。基于此，软件开发研究者提出了微服务的概念，其构建按照业务或功能设计对整个应用进行拆分，形成若干个独立的在结构上无关联的服务，服务之间又通过轻量级的网络通信协议进行交互，互相协同完成复杂的业务功能，其中拆分出来的各服务不限于编程语言与数据库，实现了跨语言、跨平台的支持，与当前流行的云计算互补互成，成为当前主流的软件架构方式。具体包括以下优点。

（1）接口统一：系统采用统一的网络应用程序的设计风格和开发方式具象状态传输（representational state transfer，REST）进行服务接口及统一消息接口开发，不需要再为桌面端、移动端、大屏端分别开发不同接口，减轻开发负担。

（2）技术独立：服务之间通过应用程序接口（API）进行交互，数据交互方面采用通用的 JSON 等格式，避免调用方过于关注服务方的技术实现，保持平台和语言的无关性，做到各服务间技术独立、互不影响。

（3）业务独立：每个服务都是一个独立的开发团队，业务也不一样。

（4）数据库独享：与传统集中式的数据库服务不同，每个微服务具有自己独立的数据源，从而更大程度上降低服务间的耦合度。

（5）部署独立：每个微服务均是独立的进程，即使服务之间互相调用，也不会影响其他服务的正常运行，且服务在复用、替换的过程中，是无感、低代价的。

（6）高内聚、松耦合：微服务与传统的开发方式虽然都是 Web 方式，但是两者之间也有显著的区别：微服务集中管理、开发相对简单；每个服务实现的功能都是明确且单一的，不存在重复开发的问题；功能均需部署在本地，调用不耗费资源。

2.3.2 微服务体系架构

微服务架构是一种和云计算有着紧密联系的原生云软件架构，其核心是采用模块化思想来设计软件系统，与传统的单应用系统架构相比，在扩展性、灵活性等方面具有天然的优势。在单体应用中，通常通过增加单体应用的实例，并在实例间分隔负载以增加系统的并发与负载量。往往为了提高系统的某一模块并发能力，需要对整个系统进行扩展，无形间造成了资源分配的瓶颈。而微服务体系架构可以将高并发模块拆分成独立的微服务，并只对该高并发服务进行扩展，可从很大程度上打破资源分配瓶颈，具有更加灵活的扩展性（彭诗杰，2017）。

微服务架构发展也不是一蹴而成的，主要经历过三个发展过程：单体应用架构时期、面向服务的体系结构（service-oriented architecture，SOA）时期及现在的微服务架构时期，如图 2.5 所示。

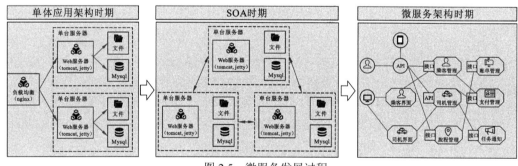

图 2.5　微服务发展过程

从发展变化上来看，三个时期都是将耦合度高的服务进行更加细粒度的拆分，形成更细小的服务，然后将这些微小服务整合在一起提供对应的服务，下面依次对三个架构进行阐述。

（1）单体应用架构：只在内部进行模块划分，各模块仍然存在于单体应用中，整体上是一个庞大、耦合在一起不可分割的服务，在业务场景复杂多变的情况下应对乏力。

（2）SOA：为更好地在复杂多变的应用场景中提供更加灵活的开发模式，研究人员尝试将单体应用中的各模块拆分出来，形成单独的模块服务，然后各模块服务通过消息通道的方式进行交互，整体上对外提供统一的服务，这种架构模式即为 SOA。这种架构模式过多依赖消息通道进行系统的协调通信，效率低下，且独立出来的模块服务随着应用的发展往往演变成笨重的"单体应用"，再次出现单体应用相关的问题。

（3）微服务架构：微服务架构在设计之初就对应用进行拆分处理，相对于 SOA，其服务更加细小专一，即使应用需求更加复杂，拆分出来的服务仍然保持轻量级特点。且微服务摒弃了消息通道模式，各服务之间采用相同的协议进行通信，提升了整体服务效率。具体地，将业务功能或流程设计分割成若干个小的个体服务，多个个体服务再通过相同的协议组合起来，形成一个应用程序。且在特定业务扩充方面，只涉及业务相关功能的微服务扩展，而与应用程序不相关的其他业务则没有关系，同时，以业务功能为驱动的微服务，受应用程序结构的限制极少，管理员可以根据各微服务的特点来配置相关资源，或是创建新的资源给微服务使用。

2.3.3 微服务管理平台

微服务管理平台是分布式计算框架的基础设施层，为分布式计算框架提供全生命周期的管理，包括计算实例发布、计算实例销毁、计算实例迁移、多实例管理等相关功能，保证框架内的计算服务快速高效地发布、更新。各服务之间也可以准确、高效地通信，从而对外提供统一的时空大数据服务。微服务管理平台主要由服务注册、服务发现、服务网关、负载均衡、熔断管理组件组成，各组件相关功能如下所示。

（1）服务注册：微服务进程将自己的元数据信息注册到管理平台，包括服务的网络地址、端口号、协议及运行状态等。

（2）服务发现：提供当前平台可使用的服务列表给路由，告诉服务调用方当前平台具有哪些可调用的服务，并将其调用方式告诉调用方，由调用方进行服务的调用。

（3）服务网关：提供路由功能，减少微服务平台间通信次数，且服务的认证工作均在网关内处理，微服务认证不再是调用方关心的事情，从而提高微服务调用效率，降低客户端与服务端的耦合度。

（4）负载均衡：为提供微服务的服务能力，通常微服务会以多实例方式存在，由多个相同的实例共同对外提供服务，其中负载均衡实现的功能是告诉调用方具体应该调用哪个微服务实例，避免某个微服务实例负载过大，影响服务的性能。

（5）熔断管理：当微服务因网络或者其他的原因不可用时，将服务转向自己定义的相关结果集或是异常结果集，避免整个服务链条不可用，保证服务整体的健壮性。

2.3.4 微服务构建方法

时空大数据平台存在由多种语言、框架形成的数据处理方法，包括数据清洗方法、机器学习算法等，以机器学习算法为例，其大多是采用 Python 语言，可能与系统里面的其他服务存在跨语言的问题。因此，平台首先将这些算法封装成独立的微服务，将其注册到微服务控制平台，然后交给代理服务，由代理服务负责与各微服务间进行通信，将自己对外暴露统一的调用方式告诉给调用方，供调用方进行调用。其中统一的调用方式包括 restful 风格的调用接口等。

主要的工作是将各种算法封装成独立的微服务并注入控制平台，下面以 Python 为例，介绍具体实现步骤。

（1）安装 Python，并根据注册中心的种类安装第三方库。

（2）配置 Python 程序的注册中心的地址、服务名、运行的互联网协议（internet protocol，IP）和端口、发送心跳机制，并提供 restful 接口。

（3）运行 Python 程序，将服务注册到注册中心服务列表。

（4）配置网关路由，根据服务名配置统一出口的请求路径，由代理服务接管，与其他微服务进行通信。

代理服务采用多种协议进行通信，包括超文本传输协议-版本 1.1（hypertext transfer protocol version 1.1，HTTP1.1）、远程过程调用（remote procedure call，RPC）框架、传输控制协议（transmission control protocol，TCP）等，保证各服务信息在微服务框架内准确可达。

2.3.5 微服务编排模式

微服务编排主要是指对微服务的组织过程，通过编排组织后的微服务将形成业务流程提供对应的相关业务服务。微服务发展早期相关服务较少，可以通过简单的流程控制实现微服务的组织，但是随着微服务的增多，简单的流程控制已经不再适合该工作。为此提供一个高效、稳定、可靠的编排方法，已经成了一个很迫切的问题。按照技术路线，可以分为以下几种微服务编排方法。

1. 同步控制模式

同步控制模式与企业服务总线（enterprise service bus，ESB）思想类似，ESB 类似于主板上的数据总线，由它负责与所有服务进行通信，起到数据传递交互的作用。在同步控制模式中，流程控制服务负责接收系统中所有的业务请求，并基于业务逻辑定义流程，按照顺序执行各微服务程序，驱动整体业务逻辑的开展。整体来看，流程控制服务优点在于可以时刻监业务的运行状态，使得服务监控业务逻辑变得更为简单；缺点则是业务逻辑控制过多地依赖流程控制服务，导致服务耦合度高，且微服务很大可能变成常见的增删改查服务，容易失去服务自身价值。

2. 订阅发布模式

订阅发布模式作为常用设计模式，其工作过程是消息发送者与接收者进行通信，而采用广播的形式将消息发送出去，接收者通过订阅其广播得到消息。应用到微服务编排中，各微服务间不直接交互，而是采用消息驱动模式进行交互，具体到业务场景中服务发布方将自己的服务广播出去，通过对广播信息进行监听，服务调用方可获得服务相关的结果信息，从而完成各阶段业务流程。订阅发布模式可根据自身需求进行消息的发布或者订阅，降低了服务间耦合度，且在实现方式上更加灵活；不足体现在系统监控上，因为业务流程是通过订阅的方式来处理的，加大了对每笔业务处理过程的监控难度，必须使用额外的监控系统，来保证业务顺畅进行。

3. API 网关模式

API 网关模式，采用聚合/拆分的方式，对微服务进行统一处理，最终得到某个业务或应用期待的结果。具体到应用中，当平台收到某个业务请求后，会先将请求转发给网关，网关根据业务请求相关参数，调用相关的微服务，将中间结果进行聚合处理并最终得到请求结果。API 网关具有稳定的对外接口，能够充分利用局域网带宽，弥补外网带宽不足带来的服务不稳定。然而随着业务逻辑的复杂度增加，网关接口间耦合度与复杂度会急剧上升，使得管理变得更加复杂。

2.4　时空大数据实时计算框架

在天空地一体化的信息网络中，以地物探测传感器实时产生的时空大数据为例，因具有探测范围大，每次探测的单体数据巨大，探测时间周期短、频率高且分析的时空关联性高、计算时效要求高等特点，传统的串行分析计算及集中式云计算的方法存在很大的局限性，难以满足实际应用的规模与高效需求。为了有效提高时空分析的时效性，基于边缘计算的计算调度策略的研究成为一个新的热点（Zhao et al.，2019）。边缘计算的传统调度策略是将所有时空分析任务卸载到边缘节点进行处理。虽然边缘计算依靠计算和传输模式来减少时空分析，但边缘计算的计算资源有限（Fang et al.，2021；Chen et al.，2021）。它不能处理所有的分析任务，导致任务队列过长，造成时空分析的延迟（Li et al.，2019；Murata et al.，2016）。因此，如何利用边缘计算和云计算的优势，制订高效的任务调度策略，设计具有高效率、低延迟、动态可维护的高性能综合系统实时计算框架以进一步降低整体总时延，是时空大数据平台实时计算面临的挑战之一。

2.4.1　基于流的时空大数据实时计算架构

针对时空大数据多源异构、多维、关系复杂的特点，本小节基于流式计算设计具有高效率、低延迟、动态可维护的高性能时空数据实时服务计算框架。框架主要由时空流发送层、时空流调度层两个部分组成，如图 2.6 所示。通过将生成的时空数据以时空数据流进行分发，以及基于边云协同的动态时空流调度机制，充分利用分布式计算资源，提供高效的时空数据服务。

时空流发送层主要是依靠边云协同网络系统附近的边缘服务器，对传感器实时生成的时空大数据进行时空尺度划分和编码，以时空数据流的形式，进行时空流任务划分。对于时空尺度划分方式，采用数据的时序作为划分主轴，以时空数据的空间划分标准化模板进行空间划分。对划分好的数据根据时空位置进行分层编码，同时对编码前缀相同的数据进行动态缓存。当判断时空数据完整时，将生成时空数据流发送至时空流调度层。

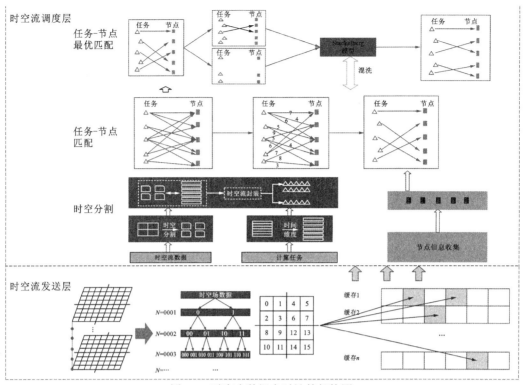

图 2.6　时空大数据实时计算架构图

时空流调度层主要负责对实时接收的时空流和待应用时空计算任务，动态调度到不同资源状态的边缘云服务器上，实现大幅度提升时空流计算的实时处理效率。时空流调度层首先对时空数据流进行时空分割，生成最优待处理的时空数据块。然后对计算任务根据不同的执行阶段进行时间维度分割，生成待处理的父-子型计算任务。通过时空流封装，生成待处理的时空流。最终实时获取所有边缘和云服务器的资源状态，基于多级动态任务调度策略，搜索边云协同环境下的最优路径规划。当实现时空流和边缘云服务器的最优匹配时，负责将时空流发送至指定计算节点进行时空流计算。

2.4.2　时空大数据实时计算关键技术

1. 数据划分与编码

数据的划分与编码在边缘环境中执行，假设从数据源到边缘环境的距离为 m，边缘环境到云计算环境的距离为 n，数据大小为 S_1，切分之后的 block（块）大小为 S_2，$S_1 > S_2$，则从数据源产生数据到计算节点首次获取到数据的总延时计算公式为

$$T = p(m \cdot S_1 + n \cdot S_2) \tag{2.1}$$

式中：p 为单位大小的数据传输单位长度产生的延时，通过该公式可以看出，m 越小的时候，时延越小，因此需要在尽可能靠近数据源的地方进行数据划分，也就是进行边缘计算环境的配置。

对空间数据进行分割编码需要首先对时空数据进行降维处理，因此在四叉树编码的基础上对空间范围进行划分，其编码方法如图 2.7 所示，通过调整划分的次数，数据划分成不同的粒度大小。

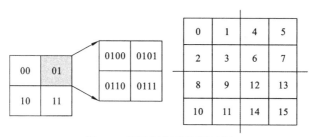

图 2.7　四叉树划分编码示例

首先将数据按当前维度进行多等分，并分别按序编码，再对等分之后的两个数据块重复同样的操作，直至数据块被划分至预设的大小，数据最终被分割成子区域，并根据空间位置进行编码。这样做的好处在于切分后，仍然可以依据编码的连续性来判断数据的连续性，以保证在计算过程中数据的通信相对简单。

对于单个数据量很大的时空数据，按数据维度总数 n 采取 n 次分割，在不同的 m 个应用场景中，维度 i 的权重 W_i 为所有应用场景权重之和，见式（2.2），数据分割中需要将优先级高的维度数据置后进行分割，以确保优先级高的维度数据的实时性。

$$W_i = \sum\nolimits_{j \in (1,m)} W_{ij} \tag{2.2}$$

数据第一次按维度 1 被分割为次批次（sub-1-batch）1，次批次 2，…，次批次 t，在该维度中，数据依次编码为 Code11，Code12，…，Code1t。在第二次分割中，同样的，按维度 2 将数据分割为二次批次（sub-2-batch）1，二次批次 2，…，二次批次 s，并将数据按优先级传输，以此类推。最终的数据编码由所有的编码组成，见式（2.3）。

$$\text{Code}_j = U_{x \in (1,n)} \text{Code}_{xj} \tag{2.3}$$

在混合并行计算中，数据存在一定程度的冗余，因此在数据划分的最后，需要给每一个数据块的首位位置设置一个偏移量，例如，当偏移量为 20，在对存储空间为 100～200 的数据块进行读取时，往前偏移 20 位开始读取，并往后多读取 20 位，最终范围为 80～220。

2. 数据流化传输

在数据流化传输中，不是在数据划分完成以后再对数据进行流化处理，而是预先规定一种划分规则，在划分规则的基础上，读取目标位置数据，然后对当前位置按一定的偏移量，把当前一段连续的存储空间读出，按一个数据块的形式发出，这样设计的优势在于无须对整个数据集进行一次遍历，保证数据以最高效的形式进行数据流化（Zheng et al.，2019）。

整体实现算法如算法 1 所示。

```
算法 1：数据流化处理算法

输入：粗粒度原始数据集 D;针对最后一维的划分策略 R;线程池 TP;维度序列 S[n];维度的长度
SL[n];

输出：细粒度数据流 DStream;

1.databuffer=D.getdata(S[0]);

2.coarse_index[]=new Array[n];        //初始取值位置，在所有维度上均取值 0;

3.course_length=1;                    //总遍历长度

4.for(i<- 0 to n-1)                   //计算总遍历长度

5.      course_length*=SL[i];

6.end for;

7.for(i<- 0 to course_length)         //遍历所有的维度

8.      coarse_index[0]=i/SL[0];

9.      for(j<- 1 to n-1)             //coarse_index 取下一个值

10.         coarse_index[j]=(i%SL[j-1])/SL[j];

11.     end for;

12.     databuffer=databuffer.getdata(S[n],coarse_index);//读取当前的数据

13.     bufferArray[]=Databuffer.splitBy(R);

14.     for(j<- 1 to bufferArray.length-1)                    //导出到输出流

15.         TP.send(bufferArray[j]);

16.     end for;

17.end for;
```

3. 基于数据流的并行计算

在流式计算中，批处理数据被分割并作为数据流处理。然而，对海量时空流数据来说，数据分区形成的数据流并不是独立的，数据集之间存在一定的相关性。数据流上的并行计算也需要一些方法来处理这种相关性。因此，在单个计算中将资源数据集和结果数据集之间的关系定义为父数据集和子数据集。通常使用宽依赖类型和窄依赖类型来定义父数据集和子数据集之间的关系。由于在窄依赖类型中依赖关系很窄，一个子数据集的所有数据都可以由一个父数据集来计算。当海量时空数据流传输到分布式计算平台时，数据可能会无序地到达预定的边缘云服务器，在狭义依赖类型中，数据集的顺序不影响结果。然而，在宽依赖类型的情况下，如果处理中涉及的数据尚未传输，将不可避免地导致错误。为了解决这个问题，将并行任务分为几个阶段，并分阶段执行它们，每个阶段由宽依赖之前的所有计算组成。前一阶段计算完成后，下一阶段可以开始计算，以确保节点之间的数据可见性。这意味着前一阶段的结果可能需要在不同的边缘云服务器之间进行混合，最后一级将结果输出到数据流门。整个时空流数据分析计算过程可分为若干不同的阶段，计算可以在数据传输过程中进行。但是，子阶段需要等待父数据集完成。如图 2.8 所示，计算过程中的宽依赖类型包括前两个阶段中来自 A 到 C 的计算和来自 B 到 D 的计算。阶段 3 作为最后一个阶段，将结果输出到数据流门。

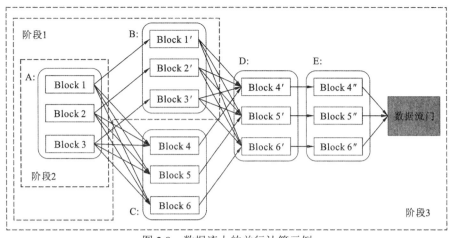

图 2.8　数据流上的并行计算示例

这种情况下，并行计算分为三个阶段（阶段 1、阶段 2 和阶段 3），其中阶段 1 可以在数据流传输过程中计算。

4. 数据检验

在数据流化过程中，来自同一维度的数据被分割。数据传输顺序的颠倒可能导致同一批中的数据不完整。此外，在不同边缘服务器上计算的数据可能会导致冗余。为了保持数据的完整性和唯一性，设计数据流门用于验证数据的完整性和唯一性。事实上，结果集合依赖于多个父数据集。为了提高输出效率，在数据流门中采用了动态数据缓冲区。它为新的数据集动态生成缓冲区，并使用前缀代码描述缓冲区数据范围。例如，当纬度和经度范围是最终的数据分区基础时，编码相同前缀的数据集在平面空间上保持连续性。因此，在数据流门中，这些数据存储在同一缓冲区中。当查询范围的数据完成时，整个缓冲区被导出到 customer 节点，如图 2.9 所示。因此，现阶段需要考虑两个问题。第一个问题是保持同一维度中数据的一致性。具有相同键值前缀的数据存储在相同的连续空间中。第二个问题涉及重复的数据，这些数据由相同的键值覆盖。当判断数据块已完成时，应将数据块发送到输出数据流。算法 2 基于上述原理为数据流门的实现提供伪代码。

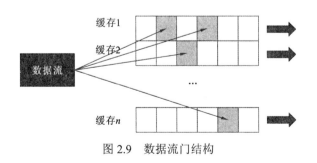

图 2.9　数据流门结构

当缓冲区饱和时，它输出整个结果。当存在数据重复时，它会在缓冲区中产生覆盖，从而避免重复输出。

```
算法 2: 数据流门算法

输入: 数据使用者线程，数据使用者，数据缓冲区地图，Map[Buffer]，缓冲区入口大小，T。
输出: 最终结果集 res
1:while Consumer.listening do
2:   if Consumer.hasNewElement then
3:    element=consumer.newElement;
4:    key=getKeyPrefix (element);
5:    buffer=Map[Buffer].get (key);
6:     if buffer.contains (element) then
7:       continue;
8:     else
9:       buffer+=element;
10:  end if
11:   if buffer.length=T then
12:    res=buffer;
13:    post (res);
14:    buffer=null;
15:   end if
16:  end if
17:end while
```

2.4.3 基于边云协同的时空任务调度策略

为了有效提高时空分析的时效性，本小节提出一种多层次的边缘-云协作的动态调度策略。该策略将时空流调度层实时发送的时空流和待应用的时空计算任务，采用多级动态时空任务调度策略，动态调度到不同资源状态的边缘云服务器上，实现大幅度提升时空流计算的实时处理效率的目标。基于任务的需求资源参数信息，通过对任务进行时空划分和时空转换，实现子任务间的数据传输体量最小化。在任务-节点匹配阶段中，针对待匹配的任务和节点，需对它们建立匹配关系、生成成本代价矩阵和获取总代价最大化的匹配组合。在任务-节点最优匹配中，对于匹配组合，基于斯塔克尔伯格（Stackelberg）从属原理博弈论模型设置任务极限调度门，获取任务-节点最优匹配组合。在调度过程末期，可根据任务-节点的最优匹配组合将任务进行卸载。

1. 时空标准化分割

对于一个完整的时空任务集，不同节点承担的一些单元任务需要传输结果数据至指定节点以完成后续分析计算，这部分结果数据定义为时空传输数据，即 $b = \{b_1, b_2, \cdots, b_n\}$，其中 $b_n = \{b_n^1, b_n^2, \cdots, b_n^m\}$ 表示不同的时空特征。假定单元任务 task_h^e 卸载到节点 Node_s，并

且 task_h^g 卸载到 Node_t，其中 $e \neq g, 1 \leqslant e \leqslant j, 1 \leqslant g \leqslant j, 1 \leqslant h \leqslant q$。以此可以计算单元任务调度到边缘云节点的总传输开销，即

$$c(a) = \sum_{j=q \times i} \frac{f \cdot b \cdot l}{r} \qquad (2.4)$$

式中：r 为边缘云节点 Node_s 和 Node_t 之间的网络传输速率，由边缘云节点间的网络带宽决定；f 为边缘云节点 Node_s 和 Node_t 之间的传输频率；b 为需要边缘云节点执行的单元任务间的单次传输数据；l 为边缘云节点 Node_s 和 Node_t 之间的传输路径长度。

对集合 b 来说，将对不同时空维度的 b_n 执行 m 阶均值化处理，即

$$\{c_n^1, c_n^2, \cdots, c_n^z\} = \min b_n + \left(\frac{\max b_n - \min b_n}{m} \right) \cdot z, \quad \forall z > 0, z \in (1, 2, \cdots, m) \qquad (2.5)$$

也就是说，对于第 n 维的时空传输数据，将基于不同间隔粒度 m 执行 m 阶均值化处理工作，以获得相等间隔的 m 阶时空特征数据集合 $c_n = \{c_n^1, c_n^2, \cdots, c_n^z\}$。对于给定的集合 c_n，其中 $b_n^i \in b_n, c_n^i \in c_n$。$b_n^i$ 和 c_n^i 的最小差值，即

$$\min \beta_n^i = b_n^i - c_n^i$$
$$\text{subject to } c_n^1 \leqslant c_n^i \leqslant c_n^z, \forall c_n^i \in c_n \qquad (2.6)$$

当 b_n^i 和 c_n^i 差值最小时，将其赋值给 β_n^i。在这里，定义 $\beta = \{\beta_1, \beta_2, \cdots, \beta_n\}$，其中 $\beta_n = \{\beta_n^1, \beta_n^2, \cdots, \beta_n^m\}$ 作为新的 n 维时空传输数据。不难看出，集合 β_n 相较于原传输数据集 b_n，通信数据体量要小得多。因此，边缘云节点 s 承担传输任务时，传输的时空数据集为 $\{\beta, \max b_n, \min b_n, m\}$。

单元任务 task_h^e 将时空数据集通过通信传输链路传给 task_h^g 后，任务 task_h^g 将进行如下处理完成时空数据反演，以获得原始时空数据集 b，即

$$\{c_n^1, c_n^2, \cdots, c_n^z\} = \min b_n + \left(\frac{\max b_n - \min b_n}{m} \right) z, \quad \forall z > 0, z \in (1, 2, \cdots, m) \qquad (2.7)$$

$$\text{org } b_n^i = c_n^i + \beta_n^i$$
$$\text{subject to } c_n^1 \leqslant c_n^i \leqslant c_n^z, \forall c_n^i \in c_n \qquad (2.8)$$

对于数据集 $\{\min b_n, \max b_n, m\}$，通过 m 阶均值化处理计算出第 n 维相等间隔的 m 阶时空特征数据集合 c_n。其中 $c_n = \{c_n^1, c_n^2, \cdots, c_n^z\}$。在获得集合 c_n 后，计算 β_n^i 和 c_n^i 的最小和值，如式（2.9）所示。当 β_n^i 和 c_n^i 的求和值最小时，将其赋值为原有时空特征数据 b_n^i。单元任务 task_h^g 即获得原有的时空特征数据集 b。

通过建立上述任务转换模型，将生成标准任务集，即

$$R - \text{mission}_p = \{R - \text{task}_1^1, \cdots, R - \text{task}_1^i \mid R - \text{task}_h^e \cdots, R - \text{task}_h^g \mid \cdots \mid R - \text{task}_q^1, \cdots, R - \text{task}_q^i\} \qquad (2.9)$$

2. 任务-节点匹配

（1）任务-节点二值化映射链建立：基于资源消耗和时间约束，对于多级时空划分处理后生成的标准任务集，通过使用任务-节点二值化映射链生成算法，建立时空任务调度后的任务集和边缘云节点间的映射关系。

（2）成本代价矩阵建立：成本代价矩阵定义为 $\mathbf{TCM}_S = \mathbf{TCM}_C + \mathbf{TCM}_N + \mathbf{TCM}_I$，其中 $\mathbf{TCM}_S$ 代表任务-节点映射的总成本代价矩阵，它是总计算成本代价矩阵 $\mathbf{TCM}_C$、总带宽成本代价矩阵 $\mathbf{TCM}_N$ 及总成本通信代价矩阵 $\mathbf{TCM}_I$ 的求和。上述代价矩阵的生成需任务-节点建立映射关系，否则代价矩阵将无法生成，见式（2.10）。

$$\begin{pmatrix} s_{11} & s_{12} & \cdots & s_{1y} \\ s_{21} & s_{22} & \cdots & s_{2y} \\ \vdots & \vdots & & \vdots \\ s_{x1} & s_{x2} & \cdots & s_{xy} \end{pmatrix} = \begin{pmatrix} c_{11} & c_{12} & \cdots & c_{1y} \\ c_{21} & c_{22} & \cdots & c_{2y} \\ \vdots & \vdots & & \vdots \\ c_{x1} & c_{x2} & \cdots & c_{xy} \end{pmatrix} + \begin{pmatrix} n_{11} & n_{12} & \cdots & n_{1y} \\ n_{21} & n_{22} & \cdots & n_{2y} \\ \vdots & \vdots & & \vdots \\ n_{x1} & n_{x2} & \cdots & n_{xy} \end{pmatrix} + \begin{pmatrix} i_{11} & i_{12} & \cdots & i_{1y} \\ i_{21} & i_{22} & \cdots & i_{2y} \\ \vdots & \vdots & & \vdots \\ i_{x1} & i_{x2} & \cdots & i_{xy} \end{pmatrix} \quad (2.10)$$

式中：矩阵元素 s_{xy} 表示节点 s 执行任务 $task_q^i$ 的代价，用其空闲资源和资源需求差值来进行表示。特别的，如果节点 y 不能执行任务 x，矩阵元素将设为-1。代价差值越大，矩阵元素 s_{xy} 也就越大。相应地，节点 y 执行任务 $task_q^i$ 的延迟也就越小。

（3）任务-节点加权映射：在建立任务-节点的映射关系后，如何降低时空分析任务的总完成时间的问题转换为如何获得总代价最大化的匹配组合。为了解决上述问题，采用库恩-曼克莱斯（Kuhn-Munkres，KM）搜索算法作为获取任务-节点的匹配组合策略。KM 搜索算法，也称为匈牙利算法，此算法围绕二分图展开。二分图可由 X 部和 Y 部组成，定义 X 部为时空任务集合，定义 Y 部为计算节点集合。首先将 X 部的每个顶点的顶标值设置为与该点关联的最大边的代价矩阵元素得到的权值，Y 部的顶标设为 0。然后在相等子图中，使用匈牙利算法为 X 部的每个顶点找到一条增广路径。若没有找到，则扩大相等子图，继续寻找增广路径。当 X 部的所有顶点都找到了增广路径后，实现二分图的匹配，即获取到了总成本代价最大化的任务-节点匹配组合。

3. 任务-节点最优匹配

对于获取的任务-节点匹配组合，考虑用户对任务卸载的优先偏向性，即用户希望将某一时空分析子任务极限卸载到感兴趣的节点上，则与获取到的匹配组合出现卸载利益冲突。如何根据用户可能希望的卸载策略来动态调整匹配组合，从而实现任务-节点最佳匹配？为了解决该问题，基于斯塔克尔伯格模型设置任务极限调度阀门，设计实现任务-节点最优匹配。在任务极限调度阀门中，通过定义用户希望任务极限卸载的匹配组合为

$$A = \{a_1, a_2, \cdots, a_n\}, \quad \forall a_n = task_q^i \in \{1\} \bigcup N$$

同时定义获取的匹配组合为

$$B = \{b_1, b_2, \cdots, b_n\}, \quad \forall b_n = task_q^i \in \{1\} \bigcup N$$

具体来说，如果单元任务 $task_q^i$ 卸载到计算节点上，即 $a_n = 1$ 或者 $b_n = 1$，而且领导者设定为集合 A，追随者设定为集合 B。在斯塔克尔伯格模型中，领导者的自变量设定为 C_a，追随者的自变量设定为 C_b。因此领导者和追随者的效用函数为

$$\prod_{C_a \quad 1}^{optimal}(C_a, C_b) \quad (2.11)$$

式中：C_b 是 C_a 的函数，$C_b = \mathrm{Shuffle}(C_a)$。在满足集合 A 后，即 A 是 C_a 的最优解，需要将剩余的待匹配的子任务集合和节点集合重新进行任务-节点匹配，即洗牌函数操作，以

获取 C_b 的最优解为 $D = \{d_1, d_2, \cdots, d_n\}, \forall d_n = \text{task}_q^i \in \{1\} \bigcup N$。在获取最优解后，领导者和追随者的效用最大化，即实现任务-节点最佳匹配。最佳匹配组合为 $D = \{d_1, d_2, \cdots, d_n\}$，$\forall d_n = \text{task}_q^i \in \{1\} \bigcup N$，其中 $Z = A + D$。

参 考 文 献

彭诗杰, 2017. 基于微服务体系结构和面向多地质主题的数据云服务关键技术研究. 武汉: 中国地质大学(武汉).

吴昊旻, 臧伟, 王斌, 2008. 移动数据增值业务平台逻辑架构整合研究. 2008 年中国通信学会无线及移动通信委员会学术年会论文集: 563-567.

CHEN S, LI Q, ZHOU M, et al., 2021. Recent advances in collaborative scheduling of computing tasks in an edge computing paradigm. Sensors, 21(3): 779.

FANG J, SHI J, LU S, et al., 2021. An efficient computation offloading strategy with mobile edge computing for IoT. Micromachines, 12: 204.

LI C, SUN H, TANG H, et al., 2019. Adaptive resource allocation based on the billing granularity in edge-cloud architecture. Computer Communications, 145: 29-42.

MURATA K T, PAVARANGKOON P, YAMAMOTO K, et al., 2016. Improvement of real-time transfer of phased array weather radar data on long-distance networks//2016 International Conference on Radar, Antenna, Microwave, Electronics, and Telecommunications (ICRAMET). IEEE: 22-27.

ZHAO J, LI Q, GONG Y, et al., 2019. Computation offloading and resource allocation for cloud assisted mobile edge computing in vehicular networks. IEEE Transactions on Vehicular Technology, 68(8): 7944-7956.

ZHENG K, ZHENG K, FANG F, et al., 2019. Real-time massive vector field data processing in edge computing. Sensors, 19(11): 2602.

第 3 章 　时空大数据管理与集成

统计研究表明，85%以上的大数据都可以归为时空大数据（边馥苓 等，2016），为了充分发挥数据的价值，高效挖掘分析时空数据，需要高效地集成管理时空大数据。时空大数据的规模正在不断扩大，给硬件基础设施带来了巨大的压力，传统的数据库技术难以有效存储管理庞大的时空大数据。天空地时空大数据的采集途径多样，数据格式、标准和时空基准各不相同，数据质量参差不齐，给时空数据的集成和管理造成巨大的困难，需要全面分析时空大数据来源、特点等，从数据的处理、存储、组织及数据服务着手，考虑多源异构数据特点，合理组织管理时空大数据，提供面向网络的时空数据服务，实现时空大数据的共享及跨平台的数据互操作，为时空大数据的分析和挖掘奠定数据基础。

3.1　天空地时空大数据

人类的任何活动都离不开所在的时空，所有数据的生产伴随着人类活动过程。大数据只有集成时间和空间后，位于一个统一的时空框架下，才能表现出时空概念。空间、时间和属性是时空数据的三个固有特征，是反映地理规律和地理现象状态的基本条件。时空大数据反映了事件演化的规律和特点，对认知、理解自然和社会现象有着重大影响。因此，充分认识和使用时空大数据，对城市管理、交通出行、生产生活服务等各方面有至关重要的作用。

时空大数据是大数据与地理时空数据的融合，即以地球为对象、基于统一时空基准，活动于时空中与位置直接或间接相关联的大数据，是现实地理世界空间结构与空间关系各要素(现象)的数量、质量特征及其随时间变化而变化的数据的总和(王家耀 等，2017)。时空大数据包括测绘遥感数据、各类专题数据、实时感知数据、网络在线数据和生产中涉及的各种业务数据等，是具有时间和空间表达的一种大数据，能够有效分析时空现象和揭示时空规律。

3.1.1　特点

时空大数据来源于测绘生产和人们的日常生活中，隐含了丰富的空间特征和地理语义，通过适当的分析和挖掘，能反映社会现象和地理规律。它不仅具有一般大数据的特点，还具有自身的特殊性，具体如下。

（1）空间。时空数据产生于三维空间的某一位置，并且具有复杂的拓扑联系和度量属性（王家耀 等，2017）。

（2）时间。时空数据发生于某一时刻，并且位置数据和属性数据可能随着时间的推移而变化，存在时间渐变特点。

（3）多尺度。数据采集设备多样、设备的采集效率和精细程度不一致，导致大数据具有多尺度的特点。

（4）多源异构。一是数据来源的多样性，如卫星遥感影像、各种传感器数据、网站数据等。二是数据具有异构性，包括结构化数据、非结构化数据和半结构化数据。结构化数据指完全遵循数据格式与长度规范，属性项的个数和类型相同，能够以二维表存储管理的数据。半结构化数据指具有一定结构，但并没有统一和规则的结构表达的数据，如网站页面、JSON 文件。非结构化数据指无法用数字或固定的结构表达，不容易用二维表逻辑结构存储的数据。

（5）多维度。天空地数据组成复杂，在维度上包括二维空间数据、三维空间数据。二维空间数据包括矢量数据和栅格数据，三维空间数据包括三维实体数据、地形数据、管网数据等。

（6）时空关联。时空大数据包含对象、过程，事件在空间、时间、语义等方面的关联关系，在此基础上，能够建立时空动态关联模型，反映时空动态变化过程（李德仁 等，2015）。

（7）时空特征。时空大数据包含了时空特征，通过建立态势模型，实时觉察、理解和预测导致某特定阶段行为发生的态势（李德仁 等，2015）。

3.1.2 分类

数据分类在数据收集、处理和应用过程中非常重要，合理的数据分类可以高效地组织管理数据，便于数据查询和分析。时空大数据是在一个统一时空基准下产生的，不仅包含传统测绘地理信息数据，还包含与时间空间相关的各类数据。根据不同的应用目的，时空大数据可按照数据主题和数据类型进行分类。

根据数据主题的不同，时空大数据可以分为以下几种类型。

（1）基础时空数据。基础时空数据包括地图数据、影像数据、地形数据、空间实体数据、地名地址数据、倾斜点云数据、三维模型等。

（2）公共专题数据。公共专题数据包括人口数据、地区经济数据、城市兴趣点、社会现象数据、地理国情普查数据等。

（3）实时感知数据。实时感知数据包括气象数据和各种传感器实时采集的数据，如交通出行数据、温度数据和湿度数据等。

（4）网络在线数据。网络在线数据包括网站上传输和下载的一切数据，包括网页上的视频、图片和文字等数据。

（5）业务数据。业务数据指完成某种业务所需要的数据，包括工厂运行数据、城市管理数据等。

根据数据类型的不同，时空大数据主要分为以下几种类型。

（1）表格数据。表格数据指可以用二维表结构来表达和存储的与时空信息相关的数据，比如车辆数据、户籍信息等。

（2）图像数据。图像数据指与时空信息相关的图像，有 png、jpg 等格式。

（3）音视频数据。音视频数据指各种具有空间位置和时间信息的音频数据和视频数据。

（4）文本数据。文本数据指内容上包含时空信息的不能进行算术运算的任何字符集，如汉字、英文字母和文本型的字符串。

（5）参考点数据。参考点数据指某一时刻位于空间中某一点的测量值，如温度和湿度等。

（6）位置轨迹数据。位置轨迹数据是依据全球导航卫星系统（global navigation satellite system，GNSS）测量和手机等定位方法持续监测位置获得的移动数据，可形成位置轨迹等，包括个人出行轨迹数据、车辆行驶轨迹数据、货物运输轨迹数据等。

（7）矢量数据。矢量数据就是用 (x, y) 坐标表示地理实体或者地图图形位置的数据。矢量数据是一种常见的数据，一般通过坐标记录某一空间范围内所有的地理对象。一般会以点、线、面三种方式记录。

（8）栅格数据。栅格数据是将某一地理空间从行和列两个方向上划分为规则的网格，其中每一个网格作为一个像素，并在每个像素单元上添加地物属性值的数据格式。栅格数据由一个个像素单元组成，结构简单，但一般数据量较大。

（9）三维模型数据。三维模型数据由顶点和三角面片组成，包括几何、属性和纹理数据的三维模型，主要有建筑信息模型（building information model，BIM）、管网模型、精细建模数据等。

（10）三维场数据。三维场数据是对三维空间内连续的地理现象的表达，分为矢量场数据和标量场数据，包括地震场数据、温度场数据、风场数据等。

（11）三维点云数据。三维点云数据可以理解为坐标系下的点的数据集合。点云数据由大量三维空间中的数据点组成，每一个点都包含三维位置信息，有些点云还能提供强度、颜色等多种信息，常见的数据格式有 las、pcd、obj 等。

3.2　需求与挑战

大数据时代，数据采集方式发生了巨大的变化。传统的数据采集工作一般只有专业人员才能完成，更加强调几何位置的准确性，人工测绘和卫星感知是其中主要的采集手段。而大数据时代，时空数据采集方式更为泛化，人人都可以是数据生产者，环境数据、个体出行记录、网络访问记录等都可能成为时空大数据。这些时空大数据在数据体量和复杂程度上与之前处理的数据有很大的不同，给数据的存储、组织维护、处理及服务都带来全新的挑战。

3.2.1　高性能时空数据存储

时空大数据给存储系统带来了两个方面的挑战。

（1）存储体量大，能够达到 PB（1 024 TB）甚至 EB（1 024 PB）量级。

（2）数据类型复杂，包括结构化数据、非结构化数据及半结构化数据。数据的大规模和高复杂性对存储系统性能和可靠性有严格的要求。时空大数据存储系统不仅需要高效存储不断增加的数据，还要考虑如何更好地服务上层应用。

存储系统作为时空大数据平台的最底层基础设施，存储着海量的数据，它的可靠性对整个平台的高效运行起到了至关重要的作用。因此，在时空大数据的背景下，为了很好地应对上述挑战，需要更加深入地研究海量时空大数据的存储技术。

3.2.2　时空大数据处理

时空大数据的数据源以秒、分为间隔采集，数据无限增长，在这些海量的数据中更快、更准确地挖掘有价值的信息是非常重要的。但是，数据体量与数据价值密度关系不一定是正相关的，相反，可能由于数据噪声的增多加大数据分析的困难。这是因为在时空大数据的采集和导入过程中，不可避免地会存在误差或者操作错误，会导致数据集不符合质量要求。如果不对数据采取清洗等处理操作，数据分析结果的正确率会大打折扣。因此应该以需求为导向，构建数据实时处理框架，建立高效的数据筛选和清洗机制，解决数据冗余和噪声等问题。

时空大数据具有类型复杂性和多源异构的特点，并且数据的时空尺度表达不统一，这直接为时空数据融合分析和可视化带来极大的困难。因此，需要建立统一的多尺度时空网格框架，增加时空数据融合分析的可行性。

3.2.3　多源异构数据一体化管理

时空大数据具有多维、多源异构的特点，不同数据源的管理方法不同，这为海量异构数据的一体化管理带来了巨大的挑战。传统的数据管理方式往往是针对某一种数据类型，比如栅格数据或者矢量数据。单一类型的数据管理方式适合小范围的时空数据，无法应对时空大数据对当前管理模式带来的巨大挑战。因此，有必要开发更加通用的数据组织方式和高效的索引机制，完善海量数据管理机制，建立高效的时空大数据管理一体化框架是一个重要的研究课题。

3.2.4　时空大数据服务

随着地理信息技术的发展，人们可以轻易获取海量的时空数据。时空数据获取方式的愈发简单使时空数据的规模快速增加。时空大数据平台涉及多种数据格式和标准，各平台之间形成独立式的管理模式，导致数据和功能难以实现共享，难以充分发挥大数据的价值。因此，针对目前时空大数据的类型和服务模式，需要确立一套标准的二维、三维数据服务规范，解决当前数据共享困难的问题。

天空地一体化的信息网络，以地球为视点，对陆地、空中及远程等目标进行探测，收集和存储了大量与位置相关的信息。地址是关于空间位置的文本描述，蕴含着丰富的时空信息，是城市管理中不可缺少的部分。然而，地址信息常采用文本的方式存储，这导致计算机难以识别和利用，不便于地址数据的共享和信息服务。地理编码会建立文本结构中的地址和地理坐标的映射关系，实现地址的地理位置匹配。地址匹配技术作为地理编码的重要一环，将包含位置的文本信息与地址信息进行链接、整合，为数据分析、定位、绘图和可视化服务提供支撑技术。

3.3 时空大数据高性能云存储

当前对时空大数据存储的研究主要集中于对属性及几何信息的存储，对时间维度上的信息存储考虑较少，现有的时空数据的存储方式，对时空对象的时空邻近性考虑不够，使得空间上相距远、时间相距较长的对象有可能会被存储到相同的节点上，或者时空相距很近的对象被存储到不同的节点上，目标对象将从多个计算节点进行访问和获取，极大地影响了数据存取及查询效率。在时空数据存储的过程中，不仅需要存储时间、属性、空间等信息，还需要考虑数据在时空上的联系，以便实现时空数据的快速检索。现实生活中时空数据有很多，包括出行轨迹数据、兴趣点（point of interest，POI）数据、卫星遥感数据、传感器数据、社交网络数据等。按照格式上分，又可分为矢量格式数据、栅格格式数据。基于此，目前急需一种新的存储方法，在云环境下实现对时空大数据的存储与管理。下面分别从矢量数据、栅格数据出发，论述时空大数据的存储方法。

3.3.1 基于列数据库的矢量数据存储

目前，矢量空间数据的管理方法主要包括两种：一种是直接在关系型数据库管理系统（relational database management system，RDBMS）上进行扩展形成具有空间数据存储管理能力；另一种是在关系型数据库管理系统基础上通过建立空间数据引擎中间件，使用 RDBMS 的关系模型对空间数据进行存储管理。与这两个方法对应，形成了基于拓扑关系的矢量数据模型、面向实体的矢量数据模型和面向对象的矢量数据模型。具体地，基于拓扑关系的矢量数据模型能够详细地表达地理空间实体的拓扑关系，并且其数据结构较为紧凑。基于面向实体的矢量数据模型以单个地理实体为对象进行组织与管理。大量的地理实体对象单独管理，这种数据模型有利于扩展与管理。基于面向对象的矢量数据模型将所有的实体对象都抽象为一个对象，通过继承与多态的方式来描述与管理空间对象。以上方式均适用于关系型数据库，不适用于大数据环境下的时空数据存储与管理。鉴于此，拟在分布式列数据库的基础上，进行矢量时空数据的存储管理，具体的存储方法包括：将矢量空间数据模型划分为几何数据、属性数据及时空实体拓扑关系数据；利用简化后的九交模型确定所述时空实体拓扑关系数据的拓扑规则；以行标识符为所述矢量空间数据的唯一标识符，根据所述拓扑规则将存储模型中的列族与几何数据、属性数据及时空实体拓扑关系数据一一对应，对矢量数据进行存储（郑坤 等，2016）。矢量空间数据存储模型如图3.1所示。

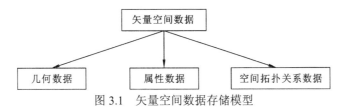

图 3.1 矢量空间数据存储模型

1. 矢量数据划分

地理空间数据中的矢量数据是一种特殊的数据，该数据是通过记录 X、Y 坐标表示地图图形或地理实体的位置的数据，能够准确表示空间数据的地理位置，并通过记录时间字符串来标记当前空间实体所处时间信息，从而能够表达空间数据间的时空拓扑关系。矢量数据除了坐标数据，还包括一些属性数据。综合矢量数据的特点，将矢量空间数据划分为几何数据、属性数据及空间拓扑关系数据三大部分。

具体地，几何数据用于记录空间实体的几何信息，是具体的空间上的信息，包括：空间坐标位置、最小外接矩形（minimum bounding rectangle，MBR）等。属性数据用于记录空间实体的属性信息，是对空间实体属性信息的存储，包括：空间实体的颜色、大小、粗细等属性信息。空间拓扑关系数据用于将空间实体对象简化为点、结点、边、线及多边形等几个部分；其中，点描述的是零维的空间实体，线描述的是一维的空间实体，多边形描述的是二维的空间实体。这里，一个点表示的是单独的空间实体；边是线的组成部分；结点是指边的两个端点，包括起始结点与终止结点。此外，起始结点与终止结点可以是任意边的端点；线由一系列的边或者一系列的点组成；多边形由一系列不自交的边组成，并且其中的边可以是两个多边形的边。

2. 基于九交模型的时空拓扑关系规则确定

几何数据与属性数据都可以通过所给的数据直接获得并存入列数据库中，但是时空拓扑关系数据较为复杂，空间实体所处的空间位置不同会产生不一样的空间拓扑关系，具体可以分为相交、相邻、相离及包含等关系，因此需要确定空间拓扑关系数据的拓扑规则，才能对时空拓扑关系数据进行存储。

具体地，首先根据开放式地理信息系统协会（Open GIS Consortium，OGC）要求将地理空间实体抽象化为拓扑空间实体，其次利用简化后的九交模型确定空间拓扑关系数据的拓扑规则。其中，简化后的九交模型为

$$\begin{bmatrix} B[M] \cap B[N] & B[M] \cap I[N] \\ I[M] \cap B[N] & I[M] \cap I[N] \end{bmatrix} \tag{3.1}$$

式中：M、N 为拓扑空间实体；B 为空间实体的边界；I 为空间实体的内部。

拓扑规则包括：点与点之间的拓扑关系规则、点与线之间的拓扑关系规则、点与面之间的拓扑关系规则、线与线之间的拓扑关系规则、线与面之间的拓扑关系规则及面与面之间的拓扑关系规则。简化九交模型中，拓扑空间实体的边界与内部是否相交使用0、

1 表示，其中 0 表示不相交，1 表示相交。

这里，对于点与点之间的拓扑关系，当九交模型为 $\begin{bmatrix} 0 & 1 \\ 0 & 1 \end{bmatrix}$ 时，点与点之间对应的拓扑关系为两点相离；当九交模型为 $\begin{bmatrix} 1 & 1 \\ 1 & 1 \end{bmatrix}$ 时，点与点之间对应的拓扑关系为两点重合。

对于点与线之间的拓扑关系，当九交模型为 $\begin{bmatrix} 0 & 1 \\ 0 & 1 \end{bmatrix}$ 时，点与线之间对应的拓扑关系为点包含于线中；当九交模型为 $\begin{bmatrix} 1 & 0 \\ 1 & 0 \end{bmatrix}$ 时，点与线之间对应的拓扑关系为点位于线的一个结点中；当九交模型为 $\begin{bmatrix} 1 & 1 \\ 1 & 1 \end{bmatrix}$ 时，点与线之间对应的拓扑关系为点与线相切。

对于点与面之间的拓扑关系，当九交模型为 $\begin{bmatrix} 0 & 0 \\ 0 & 0 \end{bmatrix}$ 时，点与面之间对应的拓扑关系为点与面相离；当九交模型为 $\begin{bmatrix} 0 & 1 \\ 0 & 1 \end{bmatrix}$ 时，点与面之间对应的拓扑关系为点位于面的内部；当九交模型为 $\begin{bmatrix} 1 & 0 \\ 1 & 0 \end{bmatrix}$ 时，点与面之间对应的拓扑关系为点位于面的边上。

对于线与线之间的拓扑关系，当九交模型为 $\begin{bmatrix} 0 & 0 \\ 0 & 0 \end{bmatrix}$ 时，线与线之间对应的拓扑关系为线与线相离；当九交模型为 $\begin{bmatrix} 0 & 1 \\ 0 & 1 \end{bmatrix}$ 或 $\begin{bmatrix} 0 & 0 \\ 1 & 1 \end{bmatrix}$ 时，线与线之间对应的拓扑关系为包含关系；当九交模型为 $\begin{bmatrix} 0 & 0 \\ 0 & 1 \end{bmatrix}$ 时，线与线之间对应的拓扑关系为相交关系；当九交模型为 $\begin{bmatrix} 1 & 0 \\ 0 & 0 \end{bmatrix}$ 时，线与线之间对应的拓扑关系为邻接关系。

对于线与面之间的拓扑关系，当九交模型为 $\begin{bmatrix} 0 & 0 \\ 0 & 0 \end{bmatrix}$ 时，线与面之间对应的拓扑关系为相离关系；当九交模型为 $\begin{bmatrix} 1 & 0 \\ 0 & 0 \end{bmatrix}$ 时，线与面之间对应的拓扑关系为邻接关系；当九交模型为 $\begin{bmatrix} 0 & 1 \\ 0 & 1 \end{bmatrix}$ 或 $\begin{bmatrix} 0 & 0 \\ 1 & 1 \end{bmatrix}$ 时，线与面之间对应的拓扑关系为线位于面的内部；当九交模型为 $\begin{bmatrix} 0 & 1 \\ 1 & 1 \end{bmatrix}$ 时，线与面之间对应的拓扑关系为相交关系；当九交模型为 $\begin{bmatrix} 1 & 0 \\ 1 & 0 \end{bmatrix}$ 或 $\begin{bmatrix} 0 & 0 \\ 0 & 1 \end{bmatrix}$ 时，线与面之间对应的拓扑关系为相切关系。

对于面与面之间的拓扑关系，当九交模型为 $\begin{bmatrix} 0 & 0 \\ 0 & 1 \end{bmatrix}$ 时，面与面之间对应的拓扑关系为相离关系；当九交模型为 $\begin{bmatrix} 1 & 1 \\ 0 & 1 \end{bmatrix}$ 或 $\begin{bmatrix} 0 & 1 \\ 0 & 1 \end{bmatrix}$ 时，面与面之间对应的拓扑关系为包含关系；

当九交模型为 $\begin{bmatrix} 1 & 0 \\ 0 & 0 \end{bmatrix}$ 时，面与面之间对应的拓扑关系为邻接关系。

最后，根据上述拓扑关系规则的定义，可以得到拓扑关系的数学表达式：

$$Topo<A, B>=<A, B, R, V> \tag{3.2}$$

式中：A、B 分别为两个空间实体；R 为 A 与 B 的空间拓扑关系，对不同的空间实体其 R 值集合不同；V 为进行实际的空间拓扑关系计算。其中，V 可为空值。

这里，结点可以表达点与边相邻的拓扑关系，边可以表达线与线之间的拓扑关系，多边形可以分成一组边与边之间拓扑关系数组。也就是说，所有的拓扑关系都可以转换为结点与边的拓扑关系进行表达。所以有

$$Topo<A, B>=<A, B, R> \tag{3.3}$$

3. 矢量空间数据存储

根据拓扑规则将存储模型中的列族与几何数据、属性数据及空间实体拓扑关系数据一一对应，首先需要构建适应列数据库环境下的矢量空间数据模型，该数据模型既可以高效存储空间数据，又兼顾空间拓扑的表达。

作为非关系型数据库模式的数据库，列数据库有着自己的特点，它不同于传统的关系型数据库。在列数据库下，记录由列标识符与时间戳来共同标识，而实际的数据存储则在存储列族中。

具体地，在列数据库中，数据存储是通过列来存储的，并且允许列为空值的情况出现，这样就降低了磁盘输入和输出的开销，使得列数据库的数据查询效率至少提高了 10 倍。在列数据库中，可以通过一个列来存储数据体的一个属性值。列与列之间可以组成列族。而数据体之间的标识是通过行标识符来标明的，列数据库中的一个数据体可以有多个列，但是却只能有一个行标识符，也就是说行标识符具有唯一性。根据列数据库的特性，结合矢量数据模型，数据存储模型如图 3.2 所示。在图 3.2 中，存储模型中的三大列族分别对应矢量空间数据模型中矢量空间数据的几何部分、属性部分及拓扑部分，分别叫作列族 Geometry、列族 Property 及列族 Topology。

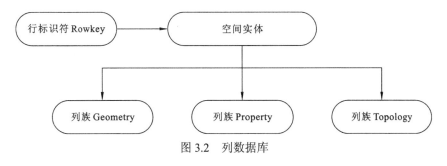

图 3.2　列数据库

在该存储模型中，矢量空间数据唯一标识由行标识符 Rowkey 表示，在逻辑上将三大部分的空间数据统一起来，使得每个部分不再孤立。在物理存储上采用分别存储的策

略，充分表达空间数据稀松性的特点。根据矢量空间数据存储模型，并结合列数据库中表的形式，给出逻辑存储表的结构，如表 3.1 所示。

表 3.1　矢量空间数据存储表结构

Rowkey	时间戳	列族 Geometry		列族 Property		列族 Topology	
		属性	值	属性	值	属性	值
ID1	T1	Shap	(x, y)	Atrrib:1	Value1		
	T2	ProCoorSys	SR1	Atrrib:2	Value2		
	T3	Type	Point Node				
ID2	T1	Shap	(x, y)	Atrrib:1	Value3		
	T2	ProCoorSys	SR1	Atrrib:2	Value4		
	T3	Type	Point Node				
ID3	T1	ProCoorSys	SR1	Atrrib:1	Value5		
	T2	Type	Line Edge	Atrrib:2	Value6		
	T3	Shap	(x, y)			Adjacent	ID4, ID5, …
	T4					Touch	ID1, ID2, …
ID4	T1	ProCoorSys	SR1	Atrrib:1	Value7		
	T2	Type	Polygon	Atrrib:2	Value8		
	T3	Shap	ID3, …			Contain	……
ID5	T1	ProCoorSys	SR1	Atrrib:1	Value9		
	T2	Type	Polygon	Atrrib:2	Value10		
	T3	Shap	ID3, …			Contain	……

通过表 3.1 可以得知，存储模型包括两个部分：一个是 Rowkey 的结构设计，另一个是三大列族的结构设计。在基于列的数据库中，任何矢量空间数据都可以表示为

$$M(f) = (\text{Rowkey, Timestamp, \{Geometry; Property; Topology\}}) \tag{3.4}$$

式中：Rowkey 为行标识符；Timestamp 用于记录需要更新的对象数据；Geometry、Property 及 Topology 为存储模型的列族。其中：Geometry 为几何数据信息，Property 为属性数据信息，Topology 为空间拓扑关系数据信息。Geometry 列族如式（3.5）所示。

$$\text{Geometry}(f) = [\text{geoType, ProCoorSys, Shape}] \tag{3.5}$$

式中：geoType 可以是任意的类型，比如：点、结点、线、多边形等，geoType 如式（3.6）所示。

$$\text{geoType} = \{\text{"Point", "Line", "Polygon", "Edge", "Node"}\} \tag{3.6}$$

进一步地，列族的属性可以通过<Field, Value>来描述，并且拓扑列族能够通过式（3.7）来表示。

$$\text{Topology}(f) = [\text{TopologyType, Rowkeys}] \tag{3.7}$$

在基于拓扑相关的空间矢量数据模型中，点、线与多边形的拓扑关系能够转换为结点

与边的拓扑关系，对结点来说，它的拓扑信息是指它的接触边，通过 $\langle Touch, Rowkey_{Edge} \rangle$ 来记录。相接的拓扑信息通过两种类型的边记录：第一个是边与结点的关系，通过 $\langle Touch, Rowkey_{Node} \rangle$ 来记录；第二个是线与线、线与多边形及多边形与多边形的关系，通过 $\langle Adjacent, Rowkey_{Line} \rangle$ 或者 $\langle Adjacent, Rowkey_{Edge} \rangle$ 来记录。点、线与多边形的包含关系通过 $\langle Contain, Rowkey\ Array \rangle$ 来表述，此处的 Rowkey Array 是一系列所包含的空间对象的 Rowkey 值。因此，拓扑关系通过 {"Touch", "Adjacent", "Contain"} 来确定。

在列数据库中，表在物理层面上的存储是根据列族组织的。每个列族下的列都是分开存储的，其中的每个列存储空间实体的一个信息，一个空间实体的某个具体信息称为 Cell，所述 Cell 由<行标识符、列族、列标识符、时间戳及值>组成，通过 Cell 来存储相应的数据。也就是说，一个列族可能存储为很多的文件，但是每个文件仅仅能够存储一个列族的数据。为了提高物理上的存储效率，空的列将不会被存储起来。此外每个空间实体的列族存储单元都有一个唯一的 Rowkey 进行区分，Rowkey 起到标识空间实体的作用。结合表 3.1，矢量空间数据的物理存储模型如表 3.2 至表 3.4 所示。

表 3.2　列族 Geometry 物理存储表结构

Rowkey	时间戳	列族：Geometry	
		属性	值
ID5	T1	ProCoorSys	SR1
	T2	Type	Polygon

表 3.3　列族 Property 物理存储表结构

Rowkey	时间戳	列族：Property	
		属性	值
ID5	T1	Atrribute:1	Value5
	T2	Atrribute:2	Value6

表 3.4　列族 Topology 物理存储表结构

Rowkey	时间戳	列族：Topology	
		属性	值
ID5	T3	Adjacent	ID4，ID5，…
	T4	Touch	ID1，ID2

综上，提供的存储方法可以行标识符为矢量空间数据的唯一标识符，根据拓扑规则将存储模型中的列族与几何数据、属性数据及空间拓扑关系数据一一对应，对矢量空间数据进行存储。

3.3.2　基于快照模型的时空栅格大数据存储

随着云计算的快速发展，非关系型分布式数据库管理系统（distributed database management system，DDBMS）正变得越来越流行，相比关系型数据库其优势已经非常显著。其中一个非常重要的优势是非关系型 DDBMS 具有易扩展性，这正符合了云计算对处理海量数据的要求。

寄存在非关系型分布式数据库管理系统的栅格空间数据存储模式的基本思想是将地理空间栅格数据集分成多个块，并且在 HBase 中存储这些块。一个块数据被定义为一个时间快照上某一个地理区域内的一组像素，其时间快照描述的是数据的时间信息、地理位置是块区域内的二维的地理空间信息，两者共同表达时空栅格数据在时空上的信息（贾新宇，2015）。

1. 快照模型下栅格数据类型

基于快照模型的时空栅格数据，是将不同时间下的栅格数据以独立的栅格数据进行存储，并通过快照 ID 对所有的时空栅格数据进行统一管理。具体地，在每一个快照下栅格数据的存储可以按照栅格存储系统需要为不同主机适配各种栅格数据集。这些不同的快照栅格数据集可以分为两类：高三维（high 3 dimension，H3D）数据集和低三维（low 3 dimension，L3D）数据集。这两种数据集的差异主要在于层数方面，H3D 数据集在一个空间范围内会有很多层，并且这些层的属性值相同，如空间分辨率、投影坐标系等（杨寒冰 等，2013）。但是 L3D 数据集的层数往往只有几层甚至一层。

之所以要区别这两种数据集还有一个更重要的原因：这两种栅格数据集的实际应用重点不同。高三维数据集更强调数据层上的连续性，但是，低三维数据集则强调数据集在地理空间位置的连续性。

为了提供更好的性能，针对不同类型的数据集，以两种不同的存储模式（T 模式和 S 模式）存储不同数据块中的像素。

T 模式：像素存储基于它原有的二维地理空间位置。T 模式按照从上至下、从左至右的顺序存储每一个数据层，一个数据层的像素存储完之后再存储下一个层。因此，同一地理位置但位于不同层的像素，存储位置并不相邻。同一层次位置相邻的像素会存储在一个相邻序列中[图 3.3（贾新宇，2015），T 模式]。这种存储方式适用于 L3D 数据集。

图 3.3　单快照下 T 模式和 S 模式存储示例

S 模式：S 模式按照地理位置存储每个层的数据，空间位置相同但不同栅格数据层的像素存储为一个序列。例如，存储序列中的第一个位置是第一层的第一个像素，第二个位置则是第二层的第一个像素。以此类推，相同空间位置上每一层的像素存储完之后，才会存储下一地理位置的像素。因为 S 模式是按照相同地理位置方式组织的，更适合 H3D 数据集的存储[图 3.3（贾新宇，2015），S 模式）]。

2. HBase 数据库下块存储模式设计

HBase 采用列族的方式对数据进行存储，同一列族下的数据以相同的一份文件存放在一起。因为列族存储模式可以将某时空下一块数据的所有像素都存储成 HBase 的单一列族，所以这种方式适合 H3D 和 L3D 数据集的存储，同时也具有较好的性能优势。另外，这种基于块模式的存储会大大改善不同栅格数据集在 HBase 中的搜索和存储速度。对于 H3D 和 L3D 数据集，这种存储架构采用不同的块数据存储模型。

对于高三维数据集：HBase 的单列通过 S 模式来存储块中的所有像素。所有来自不同层的像素在第三维共享同一地理位置，将它们的值共同存储在序列中。所有这些数据库单元属于单个列族[图 3.4（贾新宇，2015）]。

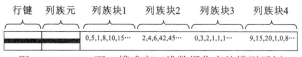

图 3.4　HBase 下 S 模式高三维数据集存储模型示例

所有数据库单元合并为一个列族的原因是性能方面的考虑。加快数据访问数据块中像素的速度，顺序存储会大大减少搜索时间和硬盘存取时间。高三维数据的存储方式，应用程序可以利用行键来快速识别块的像素值，然后通过读取同一列族同一行的数据单元可以快速获取数据块中一些像素的值。

但是如果需要访问某一地理区域的栅格数据层的所有像素，由于存储方式的原因，性能会不高。如果数据库单元存储 S 模式下块内的所有像素，同时需要通过遍历来获得像素值中的 S 模式序列，那么就考虑选用 T 模式。

对于低三维数据集：一个块内的所有像素将以 T 模式存储在 HBase 的单列中，在每个列族中存储的是块的地理范围内的所有像素[图 3.5（贾新宇，2015）]。

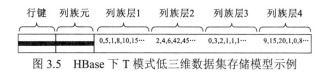

图 3.5　HBase 下 T 模式低三维数据集存储模型示例

这种设计方式可以提供二维地理空间内高效的本地数据操作。当客户端发起一个相关块的数据请求，存储系统可以轻松地查找到这个块的搜索行键。这是因为它们都位于同一列族的同一个数据层。而多层次的不同列族位于同一行，能够降低行键的总数并且易于操作。但是，如果操作的像素数量很少，只有其中的几个像素，反而会导致性能降低。

由于 HBase 只提供基于主键的快速检索，还需要分别考虑在不同模式下（S 模式与 T 模式）的 Rowkey 设计，以便通过 Rowkey 快速定位到块数据，然后根据块内数据定位到具体的像素值。

（1）S 模式下 Rowkey 设计。每一个块数据在时空上均具有快照编号、层编号、块编号三类信息，在 S 模式下，所有不同层均存在相同的列族下，因此层号信息需存入主键中，具体的主键设计见式（3.8）。

$$Rowkey = snapshotID + levelID + blockID \qquad (3.8)$$

式中：snapshotID 为快照编号；levelID 为层编号；blockID 为块编号。分别由不同长度大小的字符串一次拼接而成，一起标识当前块数据属于哪个时间哪个层次下的数据。

（2）T 模式下 Rowkey 设计。在 T 模式下，不同层的数据以列族进行存储，即层状信息写入列族上，因此其 Rowkey 设计只需要包括快照编号、块编号即可，具体的主键设计见式（3.9）。

$$Rowkey = snapshotID + blockID \qquad (3.9)$$

3. blockID 生成

栅格数据存储的过程，首先是对栅格数据集分块，形成更小的块，并记录当前快照数据的相关元数据信息，包括划分的快照编号、层编号、块编号。块编号通过对分隔后的高三维数据集和低三维数据集进行编码得到。具体划分方式是按照四叉树对二维地理空间进行分割。生成块索引之后，四叉树结构和多维空间填充的方式是相似的。为了保证空间邻近的块能够存储在相近的行中，采用最小二乘法对二维空间进行分割，这不同于传统的四叉树分割方法，见图 3.6。在实际操作中，这种存储模式依据栅格数据集所在的二维空间范围，可以采用正方形或者长方形。它的合理性源于应用程序沿 X 和 Y 方向对像素操作的可能性相等。

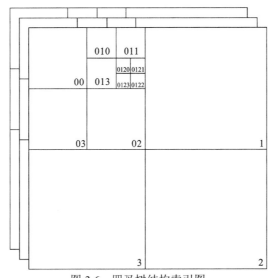

图 3.6　四叉树结构索引图

按照四叉树方式分割栅格数据集之后，需要对块编码。如图 3.6 所示，按照由上至下、由左至右的顺序对每个块编码，第一层的四个块编码只有一位数字，分别是 0、1、2、3，对应着左上角、右上角、右下角和左下角。同样地，第二层也按照此方式编码，比如图 3.6 中 00、02、03。最终，形成对所有块的编码，只需要保存叶节点级的块，建立块的四叉树索引结构。图 3.6 中最小的块区域（四叉树的叶子节点）的值，如 0120、0121、0122、0123 和该指数的叶级块将作为它们在 HBase 的行键。通过这种方式，空间位置上相邻的数据块对应的物理存储位置也会相邻。这是因为 HBase 的所有列以词典编纂顺序排列，而相邻块的键值的开始部分会重复，所以在 HBase 中也会相邻。如图 3.7 所示，右上角的一些块的键值都是从"001"开始。如图 3.8（贾新宇，2015）所示，这种相邻的块存储在 HBase 的相邻位置的方式可以降低硬盘驱动器的随机访问。

		00100	00101	00110	00111
		00103	00102	00113	00112
		00130	00131	00120	00121
		00133	00132	00123	00122
		00200	00201		
		00203	00202		

图 3.7　在二维空间的数据块示例

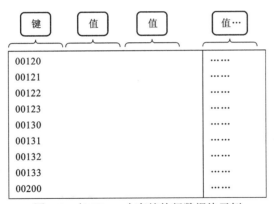

键	值	值	值…
00120			……
00121			……
00122			……
00123			……
00130			……
00131			……
00132			……
00133			……
00200			……

图 3.8　在 HBase 中存储的行数据块示例

3.4　时空大数据处理

不同来源和类型的数据中可能会存在错误、时空参考不一致等问题，往往无法直接对这些数据进行分析挖掘。通过一定的处理技术，可以发现并修改数据中存在的错误，保证分析结果和多源数据融合的正确性。

3.4.1 数据清洗与转换

天空地数据内容丰富、类型多样，但是因为数据采集过程中存在误差，所以数据中存在各种问题，主要表现为：拼写错误、类型不合法、录入时引入的错误、缺失值、异常值、重复值等。

数据清洗包含了从原始"脏数据"到干净数据的所有操作，也称为数据预处理。数据清洗可以被执行数次，但没有规定各个子任务之间的执行顺序。预处理的对象有关系表、存储记录、属性及搭建的数据模型等。

1. 数据清洗方式

按照实现方式与范围的差异，数据清洗方式分为下面 4 种。

（1）手工方式：主要通过人工检查的方式发现数据中的错误，但是会消耗大量的时间，适合数据量不大的情况。

（2）软件操作方式：会大量减少人工操作时间，但是有些清洗过程需要反复执行，工作量大，并且没有利用数据库的特性。

（3）针对特定应用的概念统计学等方式：能有效查找出数据异常的记录，比如对名称、地址编码等进行清洗。

（4）与特定应用领域无关的数据清洗：这种方式在数据重复记录方式上应用广泛，具有较大的通用性。

2. 数据清洗工具

数据清洗工具主要有以下三种。

1）特定功能的清洗工具

特定功能的清洗工具适用于街道、地址等特殊信息的处理，或者对重复数据的处理。提取和转换地址等信息到标准元素，并最终确定道路编码、街区名称和城市信息等。常用的工具有 IDCENTRIC、PUREINTEGRATE 等（周芝芳，2004）。

消除重复是通过匹配规则确定数据记录间的相似度及根据相似度查找并消除数据集中符合重复要求的记录。重复记录消除的规则包含的内容有相似记录集的检索方法、相似度记录集的合并策略等。常用的去除重复记录的清洗工具有 DATACLEANSER、MERGE/PURGELIBRARY 等（周芝芳，2004）。

2）抽取、转换、装载工具

抽取、转换、装载（extract transform load，ETL），就是指各个数据源经过抽取、清洗、转换之后装载至数据仓库的过程。目前存在大量的 ETL 工具，如 COPY-MANAGER、DATASTAGE、EXTRACT、WERMART 等（王曰芳 等，2007）。上述工具完成的工作主要包括三个方面：首先，识别并抽取数据集中需要的信息；接着，运用数据库原则和预定义规则清洗、转换多数据源使其成为一致的格式；最后，装载转换后的数据到数据仓库。

ETL 工具一般不会内置数据清洗，但是提供用户通过调用外部 API 方式实现数据清洗。一般来说，这些工具并不能支持自动发现错误数据和不一致数据，但是用户可以按照经验执行一些数据操作函数（sum、count 等）帮助发现问题。ETL 工具还提供了许多涉及数据转换和清洗的函数，包括字符串处理函数、数学函数和统计函数等。规则语言利用分支结构 if-then 和 case 处理特殊情况，比如，字符的错误拼写、缺失或不合理值。

3）其他工具

数据清洗相关的其他工具包括：基于引擎的工具、数据分析工具和业务流程再设计工具、数据轮廓分析工具、数据挖掘工具（王曰芳 等，2007）。

3. 数据清洗过程

数据清洗过程分为 4 个步骤。首先，确定原始数据集中重复数据记录，并去除；然后，检验处理后的数据集完整性，改正数据缺失错误；接着，验证数据集的一致性和有效性；最后，检测数据中可能存在的孤立点并删除。完整流程：①检测并定位原始数据存在的错误及类型。②选择清洗规则。根据上一步分析的错误类型，选择相应的清洗算法。③验证清洗规则的正确性。根据清洗规则，清洗样本数据，若结果不符合要求，则调整清洗规则或模型参数。④执行清洗工作。在确定正确的清洗规则之后，对原始数据执行清洗操作。⑤干净数据回流。完成清洗工作之后，最后把"脏数据"替换为干净数据。

通过一站式的数据清洗整合服务，可提高数据质量，针对真实数据中的无效值、格式不统一、唯一性校验、缺失值处理、拼写错误、数据错位等复杂问题，通过清洗、缩减、标准化、离散化等方法，避免系统出现"无用输入，无用输出"的现象。

3.4.2 时空网格处理

1. 时空网格划分

在时空数据处理过程中，不同时空对象的时空表达尺度不同，这为后续的时空大数据融合分析和挖掘带来极大的不便。建立统一的时空网格框架是有效组织管理多源时空大数据的重要前提。时空网格是一个在平面上覆盖全球范围，高程范围上从地心至地上的三维立体空间网格，不仅考虑地表空间数据如建筑物、道路的分布，还顾及了地下和地上多源数据的组织。

1）球面范围剖分规则

空间网格以赤道面和 0° 经线的相交点作为网格划分的起始点。地球表面空间剖分基于四叉树划分规则，第 0 级不划分，第 1 级划分为 4 个网格，第 2 级再将每个网格四叉树划分形成 4^2 个网格单元，类似地第 n 级共形成 4^n 个网格，为保证空间厘米级精度，共需要形成 32 级网格，如图 3.9 所示。

图 3.9   时空网格空间范围剖分示意图

2）高度剖分规则

在地心至地上高度 6 378 137 m 的范围内逐级二叉树划分，高度范围上总共形成 32 级，最终形成多级二叉树结构，如图 3.10 所示。

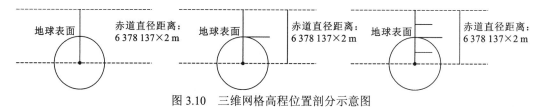

图 3.10   三维网格高程位置剖分示意图

3）时间剖分规则

不同的时间尺度划分可能会影响时空对象的准确表达。不同时空对象的数据更新频率不同，适合的最小时间尺度单元也不同。更新频率高的时空对象以秒作为最小时间尺度单元，比如卫星的运动。对于更新频率较低的对象，如倾斜摄影数据、卫星遥感数据等测绘数据，以月或年作为最小尺度单元（胡璐锦 等，2018）。因此，考虑时空大数据的变化特点，选定的最大时间尺度为年、最小时间尺度为秒，如图 3.11 所示。

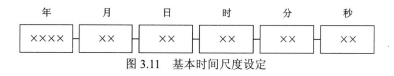

图 3.11   基本时间尺度设定

2. 时空网格编码原则

时空网格的编码是时空大数据高效组织存储的基础，编码的正确性和合理性不仅便于管理人员理解和维护，也会在很大程度上提高时空大数据应用分析的效率。时空网格编码遵循以下规则。

（1）唯一性，每种编码都必须保证唯一。

（2）编码的长度等于划分的层次数目，即球面编码最长是 32 位数字，高度编码最长是 32 位数字，时间编码是 14 位数字。

（3）编码的数字进制和划分方式相关，如按四叉树划分，编码只能包括 0、1、2、3 四位数字。

（4）编码顺序按照 Z 序进行，不同半球 Z 序不同。

按照上述规则，时空网格编码包括三个部分，分别是球面编码、高度编码和时间网格编码，至多有 78 位数字，如图 3.12（胡璐锦 等，2018）所示。其中，时间网格编码共由 14 位数字组成，其含义是年月日时分秒，例如 20180606101010。

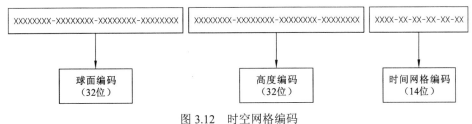

图 3.12　时空网格编码

3.5　时空大数据一体化管理

数据采集技术进步极大地提高了获取时空数据的能力,但是也给当前的硬件基础条件和数据管理模式带来极大的挑战,多源海量时空数据的高效组织管理是亟待打破的瓶颈。因此,二维、三维时空数据一体化管理势在必行。时空大数据更需要有一套完整的数据组织和索引方式,满足海量数据存储管理能力。

3.5.1　二维空间数据组织

基于对现实世界的空间认知,采用面向对象的技术,空间实体和现象可以被抽象为数据对象模型。基于空间数据模型,空间数据库在关系型数据库的基础上,扩展了关系型数据库的功能。空间数据的抽象过程是对现实世界认知和理解过程的体现,通过对象与对象之间的继承、关联关系能够实现二维空间数据的有效组织。矢量数据、栅格数据是二维空间数据主要管理的两种数据。不同的地理数据按照数据类型差异,划分至要素数据集或栅格数据集,再根据对象与对象之间的关系,有效组织二维数据,其组织结构如图 3.13 所示。这种分层管理方式具有结构清晰、无缝集成空间数据和属性数据、高效维护网络结构拓扑关系等优势。

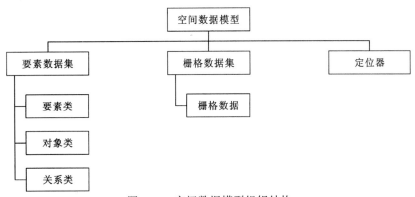

图 3.13　空间数据模型组织结构

空间数据模型主要定义以下空间数据对象。

要素数据集(feature dataset):要素数据集指具有相同空间参考系的所有要素类集合

（卢世涛，2010）。要素类一般直接存储在要素数据集中，也可以独立存储。但具有拓扑关系的要素类必须存储在要素数据集中。

栅格数据集（raster dataset）：以栅格表存储的若干栅格数据集的集合构成栅格数据集。

要素类（feature class）：要素类指具有相同几何类型和属性字段的要素的集合，如区块、水系、植物、农田、管线等，以数据库中的一个要素表来存储。要素类有两种类型：简单要素类和拓扑要素类。简单要素类有点、线、多边形和注记 4 种类型，可以记录要素的几何和属性信息，但是无法表达拓扑关系。带拓扑关系的要素类则可以表达拓扑关系，并且与图相关联。

对象类（object class）：对象类用来存储非空间信息，不会在地图空间上显示。例如"建筑区"和"所有者"，除了要记录具有地理位置的"建筑区"，还需要在数据库中创建一个对象类实例来表示建筑区的"所有者"信息。

关系类（relationship class）：关系类定义了两个不同的要素类或对象类之间的关联关系（卢世涛，2010）。例如能够存储道路和建筑的关系、建筑和人员的关系等。

栅格数据（raster data）：栅格数据是将某一地理空间从行和列两个方向上划分为规则的网格，每一个网格作为一个像素，并在每个像素单元上添加地物属性值的数据格式。

定位器（locator）：定位器是定位参考和定位方法的组合，对不同的定位参考，用不同的定位方法进行定位操作。

3.5.2　三维空间数据组织

三维空间数据可分为地形数据、三维实体模型和管网模型。地形数据主要包括数字高程模型（digital elevation model，DEM）、数字正射影像图（digital orthophoto map，DOM），其数据量巨大，一般城市的地形数据量能达到几十吉甚至几百吉。在空间数据库中，地形数据管理是由索引文件和数据文件管理。三维实体模型的类型丰富、分布广泛，为了便于高效组织管理，常常要进行工作分区。分区内的各要素分开组织，各要素都包括数据索引文件和数据文件。同时，为了提高场景性能，需存储数据模型的多细节层次模型，如图 3.14（赵中元，2011）所示。管网模型由管点模型和管线模型组成，分布广泛，一般处于地下。

1. 地形数据组织

地形数据常采用不规则三角网和网格模型来存储。不规则三角网是一种矢量数据模型，可以较为清晰地表达地形特征，但是结构复杂、不易管理。一般城市级地形数据常采用规则网格模型存储在磁盘中，包括 DEM 和 DOM 等栅格数据。但是面对大范围地形数据，需要采用分层、分片分块的策略进行组织管理。

（1）分层组织。海量地形数据采用栅格金字塔的组织方式来组织，按照不同分辨率分成多个层，空间精细度最高的地形层位于最下层，最低的地形层位于最上层，从上至下分辨率逐层升高。在地形数据绘制调用时，为降低图形处理器渲染压力、提高渲染速度，按照视点和地形块的距离远近加载不同精细程度的 DEM 和 DOM 数据。

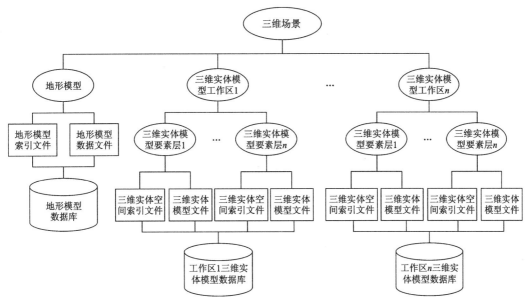

图 3.14　三维城市场景数据组织结构

（2）分片分块。在加载城市级地形数据时，分层加载地形仍然存在数据量过大的问题，难以支持交互式可视化。改进的方式是继续对每层栅格数据进行分区分块划分，通过四叉树划分的方式，形成大量的分块。结合视锥体剔除等优化策略可以有效提高渲染速度。地形模型的数据组织示意图如图 3.15 所示。

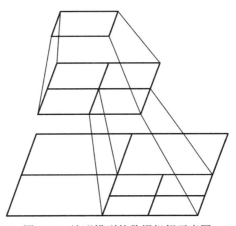

图 3.15　地形模型的数据组织示意图

2. 三维实体模型数据组织

地上三维对象模型由建筑、植物、交通设施和其他三维模型等组成，三维模型数据的组织采取分区、分层、分细节层次的数据组织方法。

（1）按工作区或行政区进行分区。分区可以有逻辑地组织管理海量三维模型，在地上三维对象模型的组织管理中是必要的。研究区域的划分应以地理差异、人工分区或行政区划来划分，尽可能保证区块大小合适且相等。分区后在横向上可以无缝形成多个数据块，同时需要进行编码和建立相邻分块索引，便于模型调度。

（2）按要素分层。三维对象模型分层类似于二维地图中分专题组织，将不同类型的要素划分为不同层，便于数据管理和更新。分层是在纵向上按照专题不同，参照三维城市模型的分类，划分为建筑模型、绿化模型、交通设施模型及其他模型。按要素分类后，可以根据当前需求调用不同主题的要素，满足多样化的可视化需求。

（3）按对象分细节层次。细节层次模型是在不影响整体场景视觉效果的情况下，逐级简化对象的表面几何细节和纹理细节来减少场景的对象复杂性。该方法通常对每一个原始数据对象建立几个不同精细程度的数据模型，在绘制时按照距离或者其他条件选择不同层次细节的模型。建筑模型、交通设施模型等三维模型按照数据特点生成三级细节层次（level of detail，LOD）模型，根据距离调度相对应的模型。地上三维模型数据的分区、分层、分细节层次组织方案如图3.16（赵中元，2011）所示。

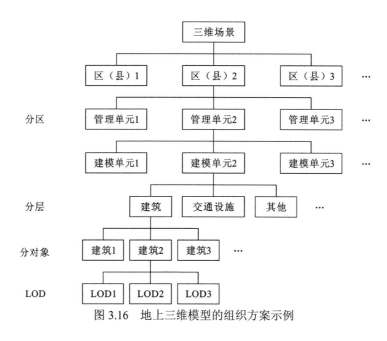

图 3.16 地上三维模型的组织方案示例

3. 管网模型数据组织

一般地，管网模型可以按照几何类型划分为管点实体、管线实体。

管网数据主要是以"专题层"来存储和组织的，按照给水、排水、电力、通信、燃气、热力、工业7种类型进行分层组织，并在此基础上建立管线、管点类型实体的描述。组织结构如图3.17（赵中元，2011）所示。

在时空大数据平台的开发过程中，一般针对一类数据模型进行统一处理。但是，不能忽视的是，管网数据之间存在关联性，会导致管线模型数据的录入和编辑困难。管线线段和管线点在空间位置上直接连接，属性数据也有关联关系，不易存储在一个数据库中。因此需要分别处理管线模型与管点模型，分开管理。其中管线空间几何类型一般是柱状，具有规则的几何表达，管点则一般处于两条管线的连接处，也有规则的几何结构。

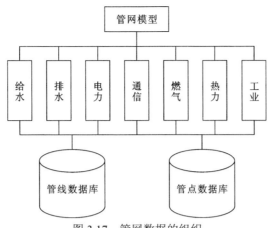

图 3.17　管网数据的组织

　　管网数据由几何数据和属性数据组成，分开存储并通过 ID 进行关联，管网数据按照管网类型分类，每一类管网都需要多个关系表存储，分别存储同一专题的管网的点或线（欧阳松南，2009）。

3.5.3　分布式时空索引

　　基于数据划分的索引结构和基于空间划分的索引结构是时空索引技术的两大类型。基于数据划分的索引结构是在 R 树索引的基础上，将时间作为空间的另一个维度对移动对象进行索引。其最小外接矩形用来限制相邻并且能够存储到一个页面上的移动对象。一些比较稠密的区域通常由一些相对较小的叶节点的最小外接矩形组成，稀疏的区域由少量的大的最小外接矩形来覆盖。这种索引的优点是索引结构相对简单，消耗的存储空间低，适合时间段的查询；缺点是时间片查询性能较低，索引性能随时间的增加而逐渐降低。而基于空间划分的索引结构分别对时空对象的时间信息和空间信息建立索引。用 R 树结构对每个时间片的对象建立索引，并将 R 树的存储信息保存到对应时间片的时间索引节点中。该索引适合时间点的查询，查询效率也相对较高。然而此索引结构会对处于空间划分边界的非点对象建立重复索引，造成空间浪费，同时要求预设空间划分规则，索引结构不均衡易导致效率下降。对海量时空数据处理，特别是高维数据处理，传统的索引结构已经不能很好地适应当前的检索性能的要求。事实上，很多索引技术采用多种结构、多种策略来提高索引效率，这些混合结构克服了单一结构处理海量数据时的不足。在数据不断持续更新、增长的情况下，也能保持较高的查询与更新效率，并在一定程度上支持时空语义查询，适合时空相关的分析应用。

　　基于此，结合 3.3 节时空数据存储模型，基于 Geohash 编码、时态索引与网格索引，本小节设计一种多结构的分布式时空索引，使它具有更好的时空查询与灵活扩展能力，并基于 Spark 实现动态可扩展的时空数据索引结构快速构建与管理。

1. Geo-TG 索引结构

　　从时间及空间两个方面出发，构建分布式时空网格（geo-temporal grid，Geo-TG）

索引。该索引包括全局索引和局部索引两个部分。首先，通过二分法对整个空间范围进行空间切分，每次切分都对所形成的子空间区域按照 1/0 的编码规则进行编码，当每个子空间达到一定的大小限制之后就停止对整个空间的二次切分。然后按照 Geohash 的编码规则对整个空间进行编码，形成全局索引列表。此外在切割空间的时候，每个时空对象所形成的时空轨迹都将被切割成若干轨迹片段。最后对同一网格内的所有轨迹片段按照时态索引与格网索引相结合的思想，建立时态网格索引，形成局部索引。

整个索引结构可以表达为<GeoKey，<TGKey，Value>>。其中 GeoKey 是该网格空间所对应的 Geohash 编码值，TGKey 是该网格空间内的时态网格编码值，Value 是处于该时态网格内的时空对象 ID。Geo-TG 总体结构如图 3.18 所示。

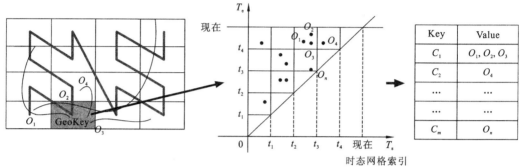

图 3.18　Geo-TG 总体结构

具体思路：①对整个空间范围按照 Geohash 编码规则进行编码，使得每个网格空间都具有唯一的空间编码值 Key，然后采用一个指针指向该网格空间内的时态网格索引。②时态网格索引：针对位于空间网格内的所有的时空数据集 D，根据时空对象的时间属性，将一维的时间转换为以 T_s（开始时间）为横轴、T_e（结束时间）为纵轴的二维平面；并将该空间网格内对象的轨迹片段映射到此二维平面上。同时对该二维平面进行网格划分。使用键值对〈TGKey，Value〉表示该时态网格索引结果，其中 TGKey 为该时态网格的网格编码值，Value 为落在该时间单元格内的时空对象集合。

2. Geo-TG 索引快速构建

结合 Geo-TG 索引结构，基于 Spark 并行计算技术，进行分布式时空索引的快速并行构建工作，主要分为三个阶段：①根据空间划分的结果将同一网格内的空间实体赋以相同的空间标记，并划分到一个单独的弹性分布式数据集（resilient distributed datasets，RDD）分区；②根据轨迹片段的时间属性，将每个 RDD 分区内的轨迹片段映射到 T_s-T_e 二维平面，对各 RDD 分区并行构建时态网格索引，形成索引文件并写入系统中；③对所有的时态网格索引文件进行处理，形成内存索引文件放入主节点中。

基于 Spark 的索引快速构建流程如图 3.19 所示。

3. Geo-TG 索引管理

创建索引是一个比较耗时的操作，当时空对象有变化的时候，不会直接对索引进行全量更新，而是对索引进行相应的局部更新。具体的管理包括移除时空对象时，删除

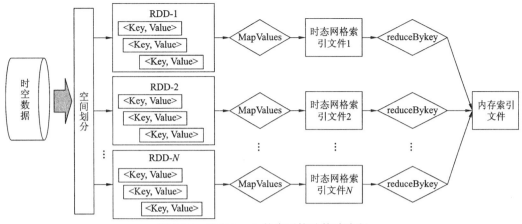

图 3.19　基于 Spark 的索引快速构建流程

MapValues：将函数作用于源 RDD 的 Value 且不产生新的 RDD；reduceByKey：使用一个相关
的函数来合并每个 Key 的 Value 的值的一个算子

当前时空对象对应的索引记录；更新时空对象时，将之前的索引记录删除，然后插入一条新的索引记录。其中无论删除还是插入，都需要根据时空对象的空间属性与时间属性计算当前时空对象对应的 Geo-TG 的索引值，然后根据索引值到对应的内存索引文件中删除或更新索引记录项。主要过程分为三个阶段：①根据待更新的时空对象，计算每个待更新时空对象的空间索引号，将相同空间索引号的对象存放在相同的集合中，并记录当前动作（删除或者更新）；②根据空间索引编号与内存索引文件，查询每个集合对应的内存中的时态索引文件，然后计算每个时空对象的时态编号，对时态索引文件进行删除与更新操作；③结合 Spark 并行计算框架设计出如图 3.20 所示的索引管理机制。

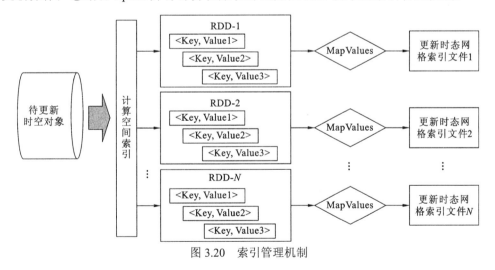

图 3.20　索引管理机制

4. Geo-TG 查询方法

首先，根据相应的时间查询范围和空间查询范围，分别对其进行编码处理。即将空间范围按照 Geohash 编码规则进行编码，得到对应的编码值 GeoKey，由索引结构进行空间查询，得到相应的时空轨迹片段 S，然后将时间范围按照 TGKey 的编码生成方式进行编码，查找对应时空轨迹片段 S 的时空对象；然后查找与查询窗口相交的结点。若为空，重新设置查询条件；生成查询式 Query(GeoKey, TGKey)，形成查询结构；对查询到的所有的时空对象进行去重处理，最后返回满足条件的时空对象。比如对 TGKey 来说，若查询时间段（时间点）最大值都小于索引时态网格的时间最小值或查询时间段（时间点）最小值都大于索引时态网格的时间最小值，说明该时态网格不在时间查询范围内，该时态网格没有符合条件的数据。否则，说明对象属于时空查询范围。然后对查询到的所有的时空对象进行去重处理，最后返回满足条件的时空对象。

3.6 时空大数据服务

时空大数据存在多源异构特性，数据格式不统一，网络空间数据服务标准多样化，造成数据的共享和互操作困难。为了促进空间信息的共享和互操作，需要建立空间信息服务标准，实现跨平台的数据和功能集成。通过空间信息服务，处于不同地区的应用程序开发者基于互联网可以获取其他系统的时空数据和处理分析结果。时空大数据服务主要包括二维、三维空间数据服务，该服务应遵循标准协议，并且保证开放性、跨平台等特性。

3.6.1 二维空间数据服务

OGC 制订了一系列数据共享和分析处理服务的规范，极大地促进了地理空间信息的共享和互操作，使各个空间信息系统从孤立的数据格式，走向基于互操作和开放式协议的信息世界。它定义了一个开放式的、兼容性好的、可扩展的公共准则，实现了分布式网络环境下空间数据资源共享的互操作。

1. 基于 OGC 标准的二维数据服务模型

现实世界的二维空间地物可按照几何元素类型抽象为点状地物、线状地物、面状地物和组合形式的复杂地物。复杂地物是由点、线和面状地物组成，面状地物由封闭的区域和外围的弧段组成，线状地物由一条或多条弧段组成，点状地物仅由节点组成。如图 3.21 所示。

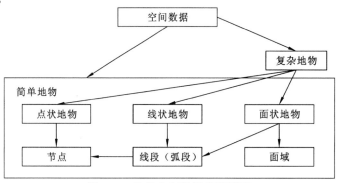

图 3.21 地物几何数据组织模型

二维空间地物的抽象是建立二维空间数据库和提供数据服务的基础。OGC 几何对象模型是当前主流的数据标准，定义了点（Point）、线（Curve）、面（Surface）等类型，利用统一建模语言（unified modeling language，UML）表示模型中几何类型之间的继承、关联和依赖等关系，如图 3.22 所示。

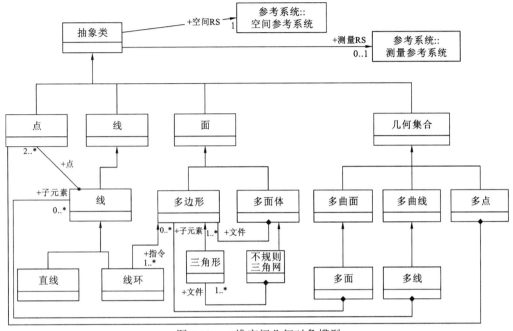

图 3.22　二维空间几何对象模型

改自：https://www.osgeo.cn/doc_ogcstd/ch02_chapter1/sec2_2/section.html

所有几何类型都具有一个共同空间参考系，其中几何类（Geometry）是基类，它的子类包括 Point、Curve、Surface 和几何集（GeometryCollection）。Point 是 0 维的空间对象，表示空间中的某个位置，位置一般是经纬度或者投影坐标值。Curve 是存储一系列点的一维几何对象，可以是简单线段，也可以是封闭的曲线，一般由多段折线组成。折线（LineString）是曲线的子类，由一对连续的点组成。Surface 是一个二维的几何对象，包括外部边界和 0 或多个内部区域，其子类是多边形（Polygon）和多面体（PolyhedralSurface）。GeometryCollection 表示一些几何对象的集合，包括多种不同类型，其子类是多点（MultiPoint）、多线（MultiCurve）和多面（MultiSurface）。

2. 基于 OGC 标准的二维数据服务实现

OGC 基于 HTTP 定义了一系列二维空间数据 Web 服务技术，极大地促进了二维地理数据的共享和互操作。以下介绍几种标准化服务的实现。

1）网络要素服务

网络要素服务（web feature service，WFS）提供访问地理要素和要素属性的操作，主要有添加、更新、删除、查询、发现。为说明这些功能，以下介绍其中三种操作。

（1）GetCapabilities 操作用来查询 WFS 相关的元数据，包括服务支持的操作、支持的格式、空间参考系等。该操作可以让用户对 WFS 有一个基本的认识，从而能够正确地配置参数。具体请求参数如表 3.5 所示。

表 3.5　GetCapabilities 请求参数

参数名称	是否必须	类型	描述
request	是	String	指定请求接口，值为 GetCapabilities
version	是	String	指定 WFS 请求规范的版本号，值为 1.0.0、1.1.0、1.1.1 或 1.3.0
service	是	String	指定请求服务类型，值为 wfs

操作返回结果是一个 XML 格式文件，包括含有哪些要素类，支持哪些接口等信息。

（2）DescribeFeatureType 操作描述服务内任何地理要素数据的具体结构，具体请求参数见表 3.6。

表 3.6　DescribeFeatureType 请求参数

参数名称	是否必须	类型	描述
service	是	String	指定请求服务类型，值为 wfs
version	是	String	指定 WFS 请求规范的版本号，值为 1.0.0、1.1.0、1.1.1 或 1.3.0
request	是	String	指定请求接口，值为 DescribeFeatureType
typeNames	是	String	一个或多个要素类型的名称，值集为服务器描述文档中列举的要素类型名称集合
outputFormat	是	String	指明查询操作中响应资源的编码格式，默认为 application/gml

操作返回结果是 XML 格式文件，描述了要素类的相关信息。

（3）GetFeature 操作允许用户获取具体的地理要素实例集合，同时支持空间条件、属性条件或者两者叠加的条件的查询，具体请求参数见表 3.7。

表 3.7　GetFeature 请求参数

参数名称	是否必须	类型	描述
service	是	String	指定请求服务类型，值为 wfs
version	是	String	指定 WFS 请求规范的版本号，值为 1.0.0、1.1.0、1.1.1 或 1.3.0
request	是	String	指定请求接口，值为 GetFeature

操作返回结果是 XML 或者 JSON 格式文件，包括每个要素的属性、空间参考、位置等。

2）网络处理服务

网络处理服务（web processing service，WPS）基于二维空间参考数据的算法和计算模型，提供数据处理和地理空间分析操作。WPS 提供了多种服务操作，以下介绍其中三种操作。

（1）GetCapabilities 操作描述了 WPS 的基本信息，包括后台服务描述服务器具体支持的语言、地理空间算法等元数据信息，具体请求参数如表 3.8 所示。

表 3.8　GetCapabilities 请求参数

参数名称	是否必须	类型	描述
service	是	String	指定请求服务类型，值为 wps
version	是	String	指定 WPS 请求规范的版本号，值为 1.0.0
request	是	String	指定请求接口，值为 GetCapabilities

接口返回结果是 XML 格式文件，包括服务元数据和描述可用进程的元数据。

（2）DescribeProcess 操作请求对服务中可用的 WPS 处理操作的描述，具体请求参数如表 3.9 所示。

表 3.9　DescribeProcess 请求参数

参数名称	是否必须	类型	描述
service	是	String	指定请求服务类型，值为 wps
version	是	String	指定 WPS 请求规范的版本号，值为 1.0.0
request	是	String	指定请求接口，值为 DescribeProcess
identifier	是	String	进程描述，至少指定一个进程

操作返回结果是 XML 格式文档，包含处理操作的名称、标题和摘要及每个输入输出参数描述。

（3）Execute 操作接收用户指定的输入参数，执行在地理服务器上某个特定的空间分析处理算法，并将分析结果返回至客户端。通常，如果输入是一个大文件，则建议通过引用传递输入数据。这意味着 WPS 可以从 Web 访问资源检索输入数据，而不必接收大的请求负载，结果可以以 XML 格式或其他指定格式返回。输出数据可以嵌入响应文档中，也可以存储为 Web 可访问的资源。

3）网络地图服务

网络地图服务（web map service，WMS）能够以标准图像格式，提供具有地理参考的可视化地图。地图并不是原始数据，而是一种数据可视化表达，由空间数据动态渲染而成，如 png、jpeg 等图像格式或者 svg、kml 等矢量图形格式。以下介绍 WMS 中的三种操作。

（1）GetCapabilities 操作返回 WMS 的基本信息，包含可用的图层列表、坐标系、支持的操作和参数等元数据信息，具体请求参数如表 3.10 所示。

表 3.10　GetCapabilities 请求参数

参数名称	是否必须	类型	描述
version	否	String	指定 WMS 请求规范的版本号，值为 1.3.0
service	是	String	指定请求服务类型，值为 wms
request	是	String	指定请求接口，值为 GetCapabilities
format	否	String	指定请求服务元数据的输出格式，缺省格式 text/xml，其他格式是可选的

操作返回结果是 XML 格式文档，它是对 WMS 的详细描述，主要内容如表 3.11 所示。

表 3.11　GetCapabilities 返回结果

参数名称	描述
service	包含服务元数据，如服务名称、关键字和操作服务器的组织的联系信息
request	描述 WMS 提供的操作及每个操作的参数和输出格式
layer	列出可用的坐标系和图层

（2）GetMap 操作返回指定区域和内容的地图图像，具体请求参数如表 3.12 所示。

表 3.12　GetMap 请求参数

参数名称	是否必须	类型	描述
version	是	String	请求版本，值为 1.3.0
request	是	String	请求名称，值为 GetMap
layers	是	String	以逗号隔开的一个或多个图层列表，值为 layer_list
styles	是	String	以逗号隔开的请求图层的一个渲染样式的列表，值为 style_list
crs	是	String	空间参照系，值为 namespace:identifier
bbox	是	String	以 CRS 单位表示的外包矩形边角（左下角，右下角），值为 min$x$, min$y$, max$x$, max$y$
width	是	String	以像元数表示的地图图像宽度，值为 output_width
height	是	String	以像元数表示的地图图像高度，值为 output_height
format	是	String	地图输出格式，值为 output_format（可取值为 image/gif 或 image/png 或 image/jpeg）
transparent	否	String	地图背景透明，默认是 FALSE
bgcolor	否	String	以十六进制 RGB 颜色值表示的背景颜色，默认为 0xFFFFFF
exceptions	否	String	WMS 报告异常的格式，默认为 XML，可选为 INIMAGE、BLANK

GetMap 返回结果是一个地图图像。

（3）GetFeatureInfo 操作返回地图上指定像素位置的要素数据，包括要素几何体和属性值。它利用返回的地图图像的像素值获取要素数据，但是输入输出不够灵活。

GetFeatureInfo 请求参数如表 3.13 所示。

表 3.13　GetFeatureInfo 请求参数

参数名称	是否必须	类型	描述
version	是	String	请求版本，值为 1.1.1
request	是	String	请求版本，值为 GetFeatureInfo
map request part	是	String	地图请求参数的部分拷贝，这些参数产生需要查询信息的地图
query_layers	是	String	以逗号分隔的需要查询的一个或多个图层的列表，值为 layer_list
info_format	是	String	要素信息的返回格式，值为 output_format（可取值为 text/xml 或 text/plain 或 text/html）
feature_count	否	String	需要返回信息（默认为 1）的要素个数
x	是	String	Map CS 中用像元数表示的要素的 X 坐标
y	是	String	Map CS 中用像元数表示的要素的 Y 坐标
exceptions	否	String	WMS 报告异常信息采用的格式（默认为 XML，可选为 INIMAGE 或 BLANK）

操作返回结果是一个描述地图上给定位置要素数据的文档。

3.6.2　三维空间数据服务

数据资源共享能够节省建设时间，可以有效缓解信息孤岛现状，从而避免重复建设，是空间信息软件系统的必然趋势。OGC 制订的服务（如 WFS、WPS、WMS 等）有效解决了二维空间数据之间的共享问题，而在三维空间数据共享领域，数据格式规范多样，缺少统一的、成熟的共享标准，难以实现较好的共享效果。因此针对这一问题，迫切需要建立统一的三维数据模型和数据服务规范。

1. 三维空间数据服务模型

从空间认知的角度上，三维空间数据可抽象为几何对象：点、线、面、体，基于此进行数据的组织，复杂的对象由这 4 种基本几何元素组成。

在基础的模型数据结构上，建立面向多尺度、多参数统一的数据表达模型是实现三维模型共享的关键。三维模型按树形结构组织，包括多个子数据节点，每个子节点包括三维模型几何数据、纹理数据和属性数据。几何结构和属性结构都必须要充分考虑不同数据源特点，采用统一的数据标准。不同尺度、不同参数的三维模型都可以按照此种树形结构进行组织，形成三维模型的统一表达。

数据组织采用数据和节点描述分离的模式，实现无需模型数据、直接获取节点描述信息。整体是以树形结构组织，每个数据节点的同一层都会有一个描述该节点相关信息的描述节点，如图 3.23 所示。描述节点会记录当前父节点的名称、细节级别、包围范围等，以 JSON 格式对上述信息进行存储。数据节点可依据当前模型质量、类型和建模方式等确定细节级数，每一个子数据节点包括几何数据、属性数据和纹理数据。三维模型元数据内容上由 6 个部分组成，分别是元数据信息、标识信息、内容信息、空间参照系信息、分发信息和模型质量信息 [《三维地质模型元数据》（DD 2019—12）]。

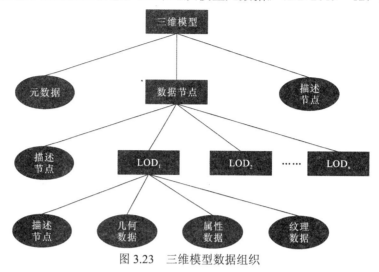

图 3.23　三维模型数据组织

2. 三维空间数据服务实现

三维空间数据服务包括三维实体模型数据服务、三维点云数据服务、三维地形数据服务等。下面主要列举平台的三维模型数据服务标准实现。三维模型数据服务按照数据组织方式的不同，分为网络三维瓦片服务（web 3D tiles service，W3DTS）和网络三维模型服务（web 3D models service，W3DMS）。

1）元数据信息服务

（1）目的：获取三维模型数据服务元数据信息，包括参考坐标系、发布者、服务发布时间及图层名称等。

（2）接口请求参数：GetCapabilities 操作的请求参数见表 3.14。

表 3.14　GetCapabilities 请求参数

参数名称	类型	描述	约束条件
request	String	请求服务操作名称，非空取值为 GetCapabilities	必选
accept	String	客户端可以接收的响应格式，如果省略或服务器不支持，使用 JSON 返回服务元数据文档	可选

（3）响应：如果服务成功响应，会返回所有已发布的三维模型元数据信息，见表 3.15，否则就返回错误原因信息。其中，Uri 对象和 ModelService 对象说明分别见表 3.16 和表 3.17。

表 3.15　GetCapabilities 响应参数表

参数名称	类型	描述
succeed	Boolean	查询是否成功
serviceInfo	Array<ModelService>	所有的模型服务元数据信息

表 3.16   Uri 对象说明

标签名	类型	描述
uri	String	数据路径

表 3.17   ModelService 对象说明

参数名称	类型	描述
crs	Uri	参考坐标系
serviceProvider	String	服务上传者
time	String	服务发布时间
layerName	String	图层名称

2）网络三维瓦片服务

（1）目的：网络三维瓦片服务（W3DTS）提供对三维模型瓦片详细信息的查询服务，支持查询某一空间范围内所有的瓦片信息。

（2）请求：GetTileData 仅支持空间查询 GetTileDataByGeometry 操作，具体参数见表 3.18。其中，BoundingBox 对象说明见表 3.19。

表 3.18   GetTileDataByGeometry 请求参数

参数名称	类型	描述	约束条件
request	String	请求服务操作名称，非空取值为 GetTileDataByGeometry	必选
layerName	String	图层名称	必选
lodLevel	Int	模型 LOD 的级别	必选
operation	String	指定的三维空间查询类型，包括 CONTAIN、INTERSECT 和 WITHIN、IDENTICAL、DISJOINT 等查询方式	必选
operateRegions	BoundingBox	查询几何对象组合，表示与这些几何对象进行三维空间查询	必选

表 3.19   BoundingBox 对象说明

标签名	类型	描述
min	Point	数据外包盒最小角点，用所在的空间坐标表示
max	Point	数据外包盒最大角点，用所在的空间坐标表示

（3）响应：如果服务成功响应，会返回当前三维瓦片的详细说明信息。瓦片信息包括瓦片的几何误差、包围体和瓦片精细方式等，响应结果见表 3.20，否则返回错误原因信息。

表 3.20　GetTileDataByGeometry 响应参数表

属性	类型	描述
succeed	Boolean	查询是否成功
tileset	Array<Geojson>	当前范围所有的瓦片

3）网络三维模型服务

（1）目的：网络三维模型服务（W3DMS）可以查询满足某一空间范围或某些属性要求的模型单元数据，具有多种查询方式，满足了精准获取某类模型单元的需求。

（2）请求：支持空间查询 GetModelDataByGeometry 操作、属性查询 GetModelDataByAttribute 操作和空间查询条件和属性查询条件结合的方式查询 GetModelDataByGeometryAndAttribute 操作，具体参数分别见表 3.21、表 3.22 和表 3.23。

表 3.21　GetModelDataByGeometry 请求参数

参数名称	类型	描述	约束条件
request	String	请求服务操作名称，非空取值为 GetModelDataByGeometry	必选
layerName	String	图层名称	必选
operation	String	指定的三维空间查询类型，包括 CONTAIN、INTERSECT 和 WITHIN、IDENTICAL、DISJOINT 等查询方式和 KNN 邻近查询方式	必选
operateRegions	BoundingBox	查询几何对象组合，表示与这些几何对象进行三维空间查询	必选
containGeometry	Boolean	是否包括模型几何数据	可选
containAttribute	Boolean	是否包括模型属性数据	可选
containTexture	Boolean	是否包括模型纹理数据	可选

表 3.22　GetModelDataByAttribute 请求参数

参数名称	类型	描述	约束条件
request	String	请求服务操作名称，非空取值为 GetModelDataByAttribute	必选
layerName	String	图层名称	必选
filterValue	String	属性查询关键词	必选
filterType	String	属性查询条件符合标准 ISO/IEC 9075-1:2016 的 SQL 条件规则	必选
containGeometry	Boolean	是否包括模型几何数据	可选
containAttribute	Boolean	是否包括模型属性数据	可选
containTexture	Boolean	是否包括模型纹理数据	可选

注：ISO/IEC 9075-1:2016 为信息技术-数据库语言-结构化查询语言-第一部分：框架（information technology—database languages—SQL—part 1: framework）

表 3.23　GetModelDataByGeometryAndAttribute 请求参数

参数名称	类型	描述	约束条件
request	String	请求服务操作名称，非空取值为 GetModelDataByGeometryAndAttribute	必选
layerName	String	图层名称	必选
modelId	String	模型 ID	必选
filterValue	String	组合查询关键词	必选
filterType	String	查询条件由属性查询&空间查询组合	必选
containGeometry	Boolean	是否包括模型几何数据	可选
containAttribute	Boolean	是否包括模型属性数据	可选
containTexture	Boolean	是否包括模型纹理数据	可选

（3）响应：如果服务成功响应，根据请求参数返回满足查询条件的三维模型数据，响应结果见表 3.24，否则就返回错误原因信息。

表 3.24　GetModelData 响应结果

属性	类型	描述
succeed	Boolean	查询是否成功
models	Gltf 或 Pnts	模型列表

3.7　地址匹配服务

实现地址匹配过程需要多种智能技术支撑，其中自然语言处理、知识对齐等是实现人类语言与计算机通信的关键技术，是地址匹配研究的重要课题。自然语言处理的基本任务是对待处理语料进行分词、词性标注、信息抽取等，是将嵌入在文本中的非结构化信息提取并转换为结构化数据的过程。知识对齐是根据两个或者多个不同信息来源的实体是否为同一个对象，在这些实体之间构建对齐关系，同时对实体包含的信息进行融合和聚集的过程。

以地理文本与数字化地图为例，本节进行地址匹配服务技术的研究。地理文本以文字的方式描述地名实体的状态、实体之间的关系等，能够详细记录实体的各种属性、语义信息。数字化地图以可视化的方式为人们提供基于位置的服务，采用统一、规范的位置信息，能够清晰地展示地名实体的位置、空间关系。数字化地图与地理文本数据能够在不同的方面对同一个地名实体进行描述，具有较强的互补性。但两者的表现形式不同，所蕴含的知识无法直接实现链接，需要将地图、文本的知识进行关联，从而实现不同来源的地址信息共享与匹配。

地理文本具有非结构化的特点，文本数据的处理需要对包含地址的描述信息进行抽取；数字化地图具有统一的格式，一般为矢量化地图，需要根据数据的格式，提取其中的地理位置及属性等信息。基于地理文本与数字化地图的智能地址匹配，需要对文本及地图中的知识进行提取，进而采用知识对齐的方法将地址信息进行链接与共享。地址匹配服务技术架构如图 3.24 所示。

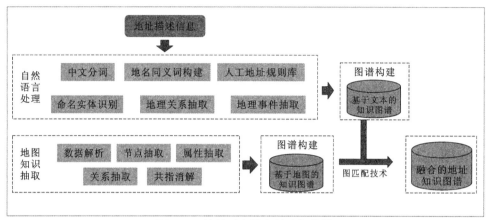

图 3.24　地址匹配服务技术架构图

智能地址匹配服务的实现，可以分为如图 3.24 所示的三部分。第一部分为文本知识的抽取，基于自然语言处理工具，对包含位置信息的段落进行分句、分词、实体识别、事件识别等。地理实体具有时空特性，实体的变化可以用事件来表示，从而为实体的表示提供更准确、丰富的语义信息。第二部分为数字化地图知识抽取，采用地图知识提取算法，获取地址的坐标信息、属性信息等。第三部分为文本知识与地图知识的对齐，采用知识图谱构建技术将获取的知识组织为结构化的形式，并采用图匹配的方式进行知识融合与共享。

3.7.1　地址实体语料库

1. 实体语料库构建流程

针对中文地理领域地址实体语料库缺乏的问题，地址实体语料库构建流程如图 3.25 所示。

2. 地址命名实体特点

地址命名实体具有非常明显的特点，这些特点能够更好地训练模型，提高准确率，具体特点如下。

（1）地址实体既可以很长也可以很短，如"赣"是江西省的简称，而"长江三角洲第四纪海陆交互松散沉积层"是一个地质实体。

（2）地址实体的结束字通常具有明显的特点，如水体，通常以"河""湖""海"等字结尾；地形地貌通常以"山""岭""平原"等结尾。

（3）地址命名实体间通常具有方位关系，如"湖南"与"湖北"指的是湖南和湖北分别在洞庭湖的南部和北部。

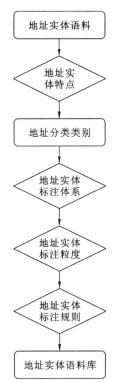

图 3.25 中文地址实体语料库构建流程图

（4）地址实体存在嵌套现象。如"北海公园"，内部嵌套了"北海"等。

（5）地址实体具有简称、缩写等情况，如"湖南"简称"湘"，北京的代称是"燕京"等。

（6）复杂地址实体通常会存在饰名、通名等词，如"天兴洲长江大桥"中的"天兴洲"等。

（7）地址实体的出现会伴随指示动词，如"于""位于""以"等。

（8）地址实体存在指代词，如"珠穆朗玛峰"又为"世界第一高峰"。

3. 地址实体分类方法

地址实体分类要参考通用和专用的分类原则，包括科学性原则、层次性原则、可扩展性原则、稳定性原则、兼容性原则、适用性原则、完整性原则等。

根据地址实体不同的特点与性质，有不同的划分方法。如点状实体、线状实体、面状实体和体状实体等。

国家制定的《地名分类与类别代码编制规则》（GB/T 18521—2001），规定了地名类别划分规则与地名类别代码的编制规则，将地理信息划分为自然地理和人文地理两类。其中自然地理实体门类包括海域、水系、陆地地形等；人文地理实体门类包括行政区域及其他区域，居民点，具有地名意义的交通运输设施，具有地名意义的水利、电力、通信设施等。

南京大学 Clinga1 知识库（Hu et al.，2016）把地址实体分为人文和自然两类，人文涵盖行政区划、组织机构、旅游景点、公共设施；自然涵盖自然资源、气候、地貌、天文。张雪英等（2010）的地理命名实体分类体系将地址实体分为八大类，包括境界政区与其他区域、组织机构、居民地及设施、交通、管线、地貌、水系、其他。

参考已有的地址实体分类规则，同时统计已有地址文本数据中各类地址实体的数量分布，将数量较少的类别进行合并，数量较多的类别进行保留，最终将地址实体整理总结为五大类：地质地貌（Geo），水系（Wat），居民地及设施机构（Res），交通运输（Tra），境界、政区与其他区域（Adm）。

具体划分细则如下。

地质地貌（Geo）：自然地貌（平原、盆地、山峰、丘陵等）、人工地貌（梯田、假山、人工湖等）、地质矿产等。

水系（Wat）：河流、沟渠、湖泊、水库、海洋要素、其他水系要素、水利及附属设施等。

居民地及设施机构（Res）：居民地、工矿用地及其设施、农业用地及其设施、公共服务用地及其设施、名胜古迹、宗教设施、科学观察、党政机关、事业单位、民间组织和社会团体、企业单位、军事单位、其他建筑物及其设施等。

交通运输（Tra）：铁路、城市道路、乡村道路、道路构造物及附属设施、水运设施、航道、机场、邮递设施、其他交通设施及能够独立或者辅助产生空间位移的地址实体等。

境界、政区与其他区域（Adm）：国家行政区、非行政区域。国家行政区包括省（自治区/直辖市/特别行政区）、地级市（地区/自治州/盟）、县（市辖区/县级市/自治县/旗/自治旗/林区/特区）、乡（民族乡/镇/街道/县辖区/县辖市）、村（社区/管理区/里）及其他国家等；非国家行政区包括各类非行政划分区域，如自然保护区等。

具体地址实体类型标注示例见表 3.25。

表 3.25 地址实体类型标注示例

类型	例句	地址实体
地质地貌（Geo）	巴丹吉林沙漠的东南部有一盐湖，名为雅布赖盐湖	巴丹吉林沙漠（Geo）、雅布赖盐湖（Wat）
水系（Wat）	裕溪口港是裕溪河流入长江处的港口，位于长江左岸	裕溪口港（Tra）、长江（Wat）
居民地及设施机构（Res）	长兴扬子鳄饲养场地处杭嘉湖平原水网地带，环境僻静，有利于扬子鳄栖息、繁衍	长兴扬子鳄饲养场（Res）、杭嘉湖平原（Geo）
交通运输（Tra）	月山站离关林站有一百二十九公里远	月山站（Tra）、关林站（Tra）
境界、政区与其他区域（Adm）	土木希克里乡是一个乡镇级行政单位，位于阿克苏地区温宿县	土木希克里乡（Adm）、阿克苏地区（Adm）、温宿县（Adm）

4. 地址命名实体标注方法

1）地址命名实体标注体系

本节的内容是以字符为粒度进行序列标注学习，命名实体标注包括 BIO 序列标注、BIOES 序列标注、BMES 序列标注等方法。

在 BIO 序列标注方法与 BIOES 序列标注方法中，B（Begin）表示这个字位于一个实体的开始，I（Inside）表示实体中间的部分，E（End）表示实体尾部，S（Single）表示该字本身就是一个实体，O（Outside）表示实体外部的非命名实体部分，如表 3.26 所示。

表 3.26　BIO 及 BIOES 命名实体标注体系

标签类别	标签说明
B	实体开始
I	实体内部
O	非命名实体
E	实体尾部
S	单个实体

在 BMES 序列标注方法中，B（Begin）表示该字位于一个实体的词首位置，M（Middle）表示实体的中间位置，E（End）表示实体尾部，S（Single）表示该字是一个单独的字，如表 3.27 所示。

表 3.27　BMES 命名实体标注体系

标签类别	标签说明
B	实体开始
M	实体中间
E	实体尾部
S	单个实体

2）地理命名实体标注粒度

命名实体标注粒度分为基于字和基于词的标注粒度。基于词的标注粒度需要分词，结果易受分词好坏影响，会出现未登录词的情况，但语义的精确度高。基于字的标注粒度无需分词且不会出现未登录词的问题，但不能精准描述语义。基于本节所研究数据样本的特点，选用基于字的标注粒度。具体的标注粒度规范如下。

（1）不同级别行政区划相连时，每个等级的行政区划都做标注。例："高和乡/Adm 是中华人民共和国/Adm 湖南省/Adm 株洲市/Adm 攸县/Adm 下辖的一个乡镇级行政单位。"

（2）当语句中出现"该省""省境"这类指代词或缩称时，不做标注。例："吴桥县/Adm 位于省境东南部，西界南运河/Tra，东、南与山东省/Adm 接壤，京沪铁路/Tra 纵贯全境。"

（3）相连的两个地址实体与下文在句子共同表达的一个新的完备语义时，需要标注为一个实体。例："湘赣交界/Adm""陇中黄土高原/Geo"等。

（4）如果使用范围词等置于地址实体前后描述地址实体时，则应一同标注该词与地址实体。例："东鞍山主峰""白水江沿岸"等。

（5）当地址实体与空间词相连时，要明确实体与方向词间的语义关系。①若空间词表达了地址实体与另一地址实体的空间语义关系，则仅标注该地址实体。例："唐神龙元年（705）复称大庾，因处大庾岭北麓得名。"中，仅标注"大庾/Adm""大庾岭/Geo"，北麓表达的是大庾和大庾岭之间的空间关系，大庾地处大庾岭的北部。②若空间词与地址实体共同表示区域范围，则完整标注该地址实体与空间词。例："闽东最大河流交溪干流纵贯中部。"中，标注"闽东/Adm""交溪干流/Wat"，闽东指福建东部这块区域。

3）地址命名实体标注规则

地址实体抽取效果，很大程度上与数据的质量有关。因此确定一套成体系的规范标注规则有助于模型更好地抽取出地址实体。本节设计的具体规则如下。

（1）标注古今地址实体。①历史朝代不做标注，但历史国家需要标注。例："战国"时期不做标注，但"秦国"标注。②各县等行政区划的古地名需要标注，如"安庆市/Adm在三国前后相继修建山口城/Adm和吕蒙城/Adm，宋又建安庆城/Adm"。

（2）只标注拥有具体位置的地址实体，不带具体位置的实体不做标注。例："该地矿产以煤、铁为主。"中，煤、铁为地质名词，但并未指明具体煤矿名称，不做标注。

（3）区分地址实体在具体语境中的含义，根据语境标注其类型。例："平顶山"这一地理名词，既可指行政区划河南省的"平顶山市"，也可指地质地貌黑龙江省的"平顶山"，同时也是一种经风化和侵蚀作用而形成的顶部平坦边缘崎岖的山形。

3.7.2　地址实体抽取模型

迭代膨胀卷积神经网络（iterated dilated convolutions neural network，IDCNN）模型（李妮 等，2020）同样利用后接条件随机场（conditional random field，CRF）模型考虑前后句子的标签信息与标签之间的特征、输出顺序，提高抽取精度。IDCNN 层抽取地理语料的特征，特别是实体周围局部信息，CRF 层用来避免出现非法标签序列，得到概率最大的标签。

IDCNN_CRF 实体抽取实验模型分为三层，分别为输入层、隐含层、标注层，模型架构如图 3.26 所示。

（1）遍历所有字符，构建 word_mapping 字向量表，随机生成初始值。接着遍历预训练 word2vec 文件，将字符的字向量值修改为 word2vec 中对应字向量值。

（2）模型最底端的 look-up 层为输入层，根据所需的数据特征，将输入词语的原始字符 x_i 转换为分布式向量 w_i，得到输入序列 $W=\{w_0, w_1, \cdots, w_n\}$，$w$ 的值随机生成，其中 $w_i \in R_d$，d 是向量的维度，n 表示输入序列的长度，即语句由多个文字构成。在向量表中查找对应字符分配给输入字符 x_i，完成向量转化。

（3）将向量序列 W 输入 IDCNN 中。IDCNN 为隐含层，在 IDCNN 中，随着模型层数的增加，参数量呈线性增加，但卷积核的感受野呈指数级增加，能够以最快的速度囊括全部输入序列。本节的 IDCNN 模型是将 4 个大小相同的 DCNN 块叠在一起，每个膨胀卷积块内是膨胀距离为 1、1、2 的三层 DCNN 模型。将句子输入 IDCNN 中，经过卷积层提取特征，IDCNN 模型会计算句子中的每一个字的 logits 值。

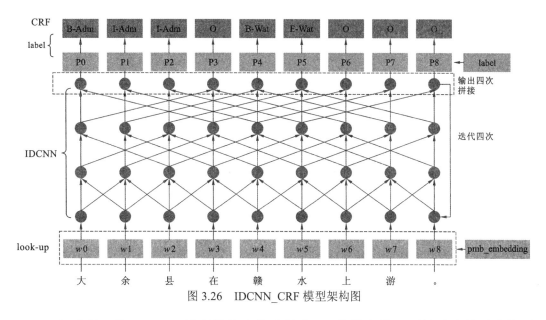

图 3.26 IDCNN_CRF 模型架构图

（4）映射。将 IDCNN 模型的输出值映射为 19 维的向量。再经过映射层连接到 CRF 层。

（5）将映射出的 19 维向量输入最后的 CRF 层，即标注层。训练时会学习输入的实体标签层与 19 维特征值的关系，选择最佳标签，进行 BIOES 实体标记，最后通过维特比算法解码，得出地址实体真实标签。

此处以句子"大余县在赣水上游。"为例，从 Embedding 层中输入 IDCNN，得到 IDCNN 提取出的特征值，再转进 CRF 层，最终得到符合 BIOES 标注体系的标签集合，具体为 T={B-Adm，I- Adm，E- Adm，O，B-Wat，E-Wat，O，O，O}。

3.7.3 地图知识提取算法

地图知识提取的研究对象一般为矢量化地图数据。该类数据通常采用 well-known text（WKT）格式，具有统一的格式。因此，对于地图知识提取，分析出 WKT 格式的地图数据，根据这种数据格式，提取其中每一项的唯一编号 ID、地理位置（经纬度）及代表的标签（属性）。由于众源地理数据参与人数众多，而每个用户对统一地址实体的理解不相同，对提取出来的数据存在一定的数据冗余或者错误，需要对提取出来的数据进行进一步的融合处理。具体的提取算法见算法 1。

算法 1：地图知识提取算法

（1）提取众源地理数据中的位置节点数据、线数据、关系数据及各数据相应的属性标签：

```
1:   For all data in data lists:
2:        extract (node);
3:        extract (way);
4:        extract (relation);
```

```
5:              extract (attribute);
```
（2）利用外部知识库，将提取出来的数据进行同指消解，合并相同的实体，展示不同的实体过程：
```
6: For all node_1, node_2 in node list:
7:          if (node_1.id == node_2.id) or (node_1 == node_tmp and
                node_2== node_tmp):
8:                   combine node_1, node_2;
               （其中，node_tmp 为外部知识库中的某一地址实体）
```

3.7.4 基于图卷积神经网络的地图与文本知识融合

对地理文本知识及地图知识抽取之后，利用实体对齐技术对两种知识进行融合。具体方法是采用基于图卷积神经网络（graph convolutional networks，GCN）的方式进行，利用图卷积神经网络学习知识的结构信息及属性信息，进而进行地理知识对齐。分别利用 DeepWalk 算法（Mikolov et al.，2013）及属性选取构建地址实体的结构特征及属性特征。作为输入特征输入图卷积模型中进行实体对齐，最终实现两种知识的融合。

1. 基于 DeepWalk 的图节点表示

图卷积神经网络依靠与图中节点的邻接矩阵作为模型的输入。邻接矩阵是利用实体的邻居构建而成，这样可以利用实体邻居的信息来表示当前实体的特征。然而在地理知识中，很多地址实体的相邻节点只有一个或者几个，构建出来的邻接矩阵十分稀疏。因此，采用 DeepWalk 算法来学习地址实体在图中的表达，将它表示为低稠向量。

DeepWalk 算法是一种网络表示算法。通过随机游走的方式对网络中的节点进行采样，将得到的随机游走序列看作文本序列，利用 Word2Vec 的方法转化为嵌入向量，即节点的向量表示。具体算法见算法 2。

算法 2：DeepWalk 图节点算法

输入：图 G（V，E）；窗口大小：w；嵌入向量长度：d；样本游走次数：γ；游走长度：t
输出：节点的表示矩阵 $A \in R^{|V|*d}$

```
1:   初始化：采样初始化表示矩阵Φ
2:   根据节点集 V 生成哈夫曼数 T
3:   for i=,…，γ do
4:       R=shuffle(V)
5:       for V_i∈R do
6:           W_{v_i}=随机游走序列（G,V_i,t）
7:           SkipGram(A,W_{v_i},w)
8:       end
9:   end
10: 返回 A
```

由 Deep Walk 产生的节点表示向量作为后续模型的输入。

2. 结合 DeepWalk 特征和属性特征的知识融合模型

在实际过程中，地理实体之间的结构相似并不一定代表两个实体之间相似，还需要利用实体的属性值来判断。通过判断两个实体之间是否具有相似的结构特征及属性特征，如果具有，则说明这两个实体可能为同一实体。图卷积神经网络的实质就是提取图中的拓扑结构。利用图卷积来做知识融合是目前研究的热点。因此，采用图卷积的方式来学习知识图谱中节点的结构、属性等信息，学习每个实体在相同的向量空间下的向量表示。一般来说，越相似的实体之间的向量距离就会越小。根据每个实体之间的向量距离，可以识别出与当前实体对齐的实体候选集。具体的方法框架如图 3.27 所示。

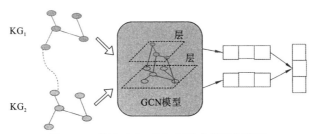

图 3.27　基于 GCN 的知识融合模型框架图

模型的输入为两个知识图结构，也就是地理知识图结构 KG_1 和地图知识图结构 KG_2，以及预先对齐的实体集 $S=(e_{i1}, e_{i2})^m$。每一个图结构对应一个 GCN，经过图卷积模型的输出，得到图结构中每个实体的向量表示。对两个图结构中的向量表示进行计算，来求出实体之间的向量距离：

$$f(e_i, e_j) = \| e_i - e_j \|_1 \qquad (3.10)$$

根据卷积神经网络模型的输入，对于 KG_i, $i=1, 2$，利用 DeepWalk 的输出作为模型的结构特征，对于属性信息，将属性三元组的属性类别及个数进行统计，由于两种知识来源的属性信息的类别可能不相同，而且数量也可能不同，为了能够选取出地址实体的重要属性，将对每个特征类别进行重要度的排序。统计各种属性在属性三元组中出现的次数，降序进行排列，选取前 L 出现次数较高的属性作为实体的特征属性，用来构建属性特征向量矩阵。每个特征的影响因素不一样，在构建特征向量矩阵时，需要计算每一个属性的权重，由于地址实体之间属性出现次数可能会具有较大差异，对每个属性计算权重时，按照归一化的方式进行，计算公式为

$$x_i = \frac{|L_i| - |L_{\min}|}{|L_{\max}| - |L_{\min}|} \qquad (3.11)$$

式中：$|L_i|$ 为第 i 个属性在属性三元组中出现的次数；$|L_{\min}|$、$|L_{\max}|$ 分别为属性三元组中出现次数最少和出现次数最多的个数；x_i 为第 i 个属性的权重。进而构建地理知识的整个属性特征矩阵 X，大小为 $N \times L$ 维。

为了能够同时利用实体的结构和属性信息，将 GCN 中的输入设置为两个向量：结构向量和属性向量。因此，定义图卷积神经网络模型如下：

$$H_s^{(l+1)} = \delta(\hat{\boldsymbol{D}}^{-\frac{1}{2}} \hat{\boldsymbol{A}} \hat{\boldsymbol{D}}^{-\frac{1}{2}} H_s^{(l)} W_s^{(l)}) \qquad (3.12)$$

$$H_a^{(l+1)} = \delta(\hat{\boldsymbol{D}}^{-\frac{1}{2}} \hat{\boldsymbol{A}} \hat{\boldsymbol{D}}^{-\frac{1}{2}} H_a^{(l)} W_a^{(l)}) \qquad (3.13)$$

$$H^{(l+1)} = [H_s^{(l+1)}; H_a^{(l+1)}] \qquad (3.14)$$

可以看作定义了两个 GCN 模型，分别用来训练节点的结构信息及属性信息。式中：$H_s^{(l)}$ 为实体结构信息在图卷积神经网络中迭代 1 次得到的特征值；$H_a^{(l)}$ 为实体属性信息在图卷积神经网络中迭代 1 次得到的特征值；$\delta()$ 为激活函数；A 为邻接矩阵，表示图的结构信息，$\hat{\boldsymbol{A}} = A + I$，$I$ 为单位矩阵；$\hat{\boldsymbol{D}}$ 为 $\hat{\boldsymbol{A}}$ 的对角节点度矩阵；$W_s^{(l)} \in \mathbf{R}^{d^{(l)} \times d^{(l+1)}}$ 和 $W_a^{(l)} \in \mathbf{R}^{d^{(l)} \times d^{(l+1)}}$ 为结构和属性对应的权重；$d^{(l+1)}$ 为新的一层的维度。

在得到图卷积网络的两种输入矩阵之后，输入式（3.12）～式（3.14）的模型中，进行训练。训练的样本根据预先对齐的地址实体 $S = (e_{i1}, e_{i2})^m$ 构成正样本，并根据正样本，通过随机替换其中的实体，构成实体不对齐的负样本集合；通过训练，将正样本与负样本之间的间隔增大，从而提高模型的效果，训练的损失函数见式（3.15）、式（3.16）。

$$L_s = \sum_{(e_1,e_2) \in s} \sum_{(e_1',e_2') \in s'_{(e_1,e_2)}} [f(h_s(e_1), h_s(e_2)) + \gamma_s - f(h_s(e_1'), h_s(e_2'))]_+ \qquad (3.15)$$

$$L_a = \sum_{(e_1,e_2) \in s} \sum_{(e_1',e_2') \in s'_{(e_1,e_2)}} [f(h_a(e_1), h_a(e_2)) + \gamma_a - f(h_a(e_1'), h_a(e_2^1))]_+ \qquad (3.16)$$

式中：$[x]_+ = \max\{0, x\}$，当 x 大于 0 时，取值为 x，当 x 小于 0 时，取值为 0；(e_1', e_2') 是将 (e_1, e_2) 随机替换掉一个实体得到的负实体对；$f(x,y)$ 则表示的是 $f(x,y) = \|x - y\|$；γ_a, γ_s 为区分正负样本的间隔参数。在模型中，分别对属性特征向量损失函数 L_a 及结构特征向量 L_s 进行训练优化。

经过模型的训练，将模型产生的结构属性的向量表示 $\boldsymbol{e}_s$ 及属性特征的向量表示 $\boldsymbol{e}_a$ 进行拼接，得到模型的最终输出的向量表示：

$$\boldsymbol{o}_i = \rho * \boldsymbol{e}_a + (1 - \rho) * \boldsymbol{e}_s, \qquad i = 1, 2 \qquad (3.17)$$

式中：$\boldsymbol{o}_i, i = 1, 2$ 分别为地理知识及地图知识经过图卷积模型的输出；$\boldsymbol{o}$ 的每一行代表一个实体的向量表示；$\rho \in (0,1)$ 为两种向量拼接的参数。

此时，将文本知识或者地图知识的其中一个作为基准图谱，从另外一个输出向量矩阵中计算与基准图谱中每一个实体的向量距离，得到基准图谱中该实体的候选实体集，距离计算公式为

$$D(e_i, e_j) = \beta \frac{f(h_s(e_i), h_s(e_j))}{d_s} + (1 - \beta) \frac{f(h_a(e_i), h_a(e_j))}{d_a} \qquad (3.18)$$

式中：$f(x,y) = \|x - y\|$；β 为超参数；$D(e_i, e_j)$ 为两个实体的向量距离。当两个实体相近时，则它们的向量在同一个向量空间上的距离也是较小的，因此，对于一个实体 $e_1 \in KG_1$，计算出该实体与 KG_2 中所有实体的向量距离，得出与该实体距离的实体候选集，从而可以得到实体 e_1 在 KG_2 中的相似实体。

3.7.5　智能地址匹配服务

为满足各行业对地址查询和应用的需求，地址匹配服务基于地址实体抽取、地图实体抽取等关键技术实现了地址相关应用服务，具体定义了批量地址比对接口、智能地址匹配接口、地址库管理接口和地址库查询接口。

1. 批量地址比对接口

（1）接口描述。地址比对接口返回多组成对的地址字符串匹配的可能性。

（2）接口请求参数。接口需要输入多组成对的字符串，具体的请求字符串如表3.28所示。

表 3.28　地址比对接口请求参数

参数名称	是否必须	类型	描述
addressArray	是	Array	地址字符串数组
address1	是	String	比对地址字符串1
address2	是	String	比对地址字符串2

（3）接口返回结果。接口成功响应后会返回每组字符串匹配的可能性，返回结果如表3.29所示。

表 3.29　返回结果参数说明

参数名称	类型	描述
addressResult	Array	返回结果
address1	String	比对地址字符串1
address2	String	比对地址字符串2
result	Float	比对结果

2. 智能地址匹配接口

（1）接口描述。地址匹配接口用输入的地址文本与地址数据库的地址进行匹配，最终转换为地理坐标。

（2）接口请求参数。接口需要输入一串文本字符，例如"位于大浪社区的宝恒医务室"。

（3）接口返回结果。接口成功响应会返回多条记录，每条记录包括匹配的标准地址库中的地址字符串和经纬度，接口返回参数说明如表3.30。

表 3.30　接口返回参数说明

参数名称	类型	描述
addressId	String	地址标识
address	String	地址名称
longitude	String	经度
latitude	String	纬度
theme	String	地址主题

3. 地址库管理接口

（1）接口描述。该接口对地址库进行更新维护，例如增加、修改等。

（2）接口请求参数。接口请求参数说明如表 3.31 所示。

表 3.31　地址库管理接口请求参数说明

参数名称	是否必须	类型	描述
address	是	String	地址名称
longitude	是	String	经度
latitude	是	String	纬度
theme	是	String	地址主题

（3）接口返回结果。接口请求返回结果参数说明如表 3.32 所示。

表 3.32　地址库管理接口返回结果参数说明

参数名称	类型	描述
successed	Boolean	成功标识
message	String	信息说明

4. 地址库查询接口

（1）接口描述。该接口会根据输入的条件查询符合要求的地址信息。

（2）接口请求参数。该接口可接收地址名称和主题等，具体请求参数说明如表 3.33 所示。

表 3.33　地址库查询接口请求参数说明

参数名称	是否必须	类型	描述
addressId	否	String	地址标识
address	是	String	地址名称
theme	否	String	地址主题

（3）接口返回结果。该接口返回一组与查询条件相关的地址信息列表，具体参数说明如表 3.34 所示。

表 3.34　地址库查询接口返回结果参数说明

参数名称	类型	描述
addressArray	Array	地址数组
addressId	String	地址标识
address	String	地址名称
theme	String	地址主题

参 考 文 献

边馥苓, 孟小量, 崔晓晖, 2016. 时空大数据的技术与方法. 北京: 测绘出版社.

胡璐锦, 蔡俊, 李海生, 2018. 基于时空地理格网的空间数据融合方法. 测绘与空间地理信息, 41(8): 4-7.

贾新宇, 2015. 基于云计算的 GIS 栅格数据存储与算法研究. 长春: 吉林大学.

李德仁, 马军, 邵振峰, 2015. 论时空大数据及其应用. 卫星应用(9): 7-11.

李妮, 关焕梅, 杨飘, 等, 2020. 基于 BERT-IDCNN-CRF 的中文命名实体抽取方法. 山东大学学报(理学版), 55(1): 102-109.

卢世涛, 2010. 空间数据模型及地下管线系统的研究与实现. 南京: 南京农业大学.

欧阳松南, 2009. 地下管网数据的时空数据组织与更新. 长沙: 中南大学.

齐赫, 2017. 高性能地理空间数据服务关键技术研究. 西安: 西安电子科技大学.

王家耀, 武芳, 郭建忠, 等, 2017. 时空大数据面临的挑战与机遇. 测绘科学, 42(7): 1-7.

王曰芳, 章成志, 张蓓蓓, 等, 2007. 数据清洗研究综述. 现代图书情报技术(12): 50-56.

杨寒冰, 赵龙, 贾金原, 2013. HBase 数据库迁移工具的设计与实现. 计算机科学与探索, 7(3): 236-246.

张驰, 2013. HBase 数据库访问接口的设计与实现. 北京: 北京大学.

张雪英, 张春菊, 闾国年, 2010. 地理命名实体分类体系的设计与应用分析. 地球信息科学学报, 12(2): 220-227.

赵中元, 2011. 大城市三维地理信息系统关键技术. 武汉: 武汉大学.

郑坤, 方发林, 顾丹鹏, 等, 2016. 一种基于列数据库的空间数据存储方法: CN105589965A, 2016-05-18.

周芝芳, 2004. 基于数据仓库的数据清洗方法研究. 上海: 东华大学.

HU W, LI H X, SUN Z Q, et al., 2016. Clinga: Bringing Chinese physical and human geography in linked open data. International Semantic Web Conference: 104-112.

MIKOLOV T, SUTSKEVER I, CHEN K, et al., 2013. Distributed representations of words and phrases and their compositionality//Advances in Neural Information Processing Systems: 3111-3119.

第4章　时空大数据链协同调度

天空地一体化时空大数据平台作为承担数据汇聚、数据管理、数据挖掘、共享服务的一体化时空大数据平台，数据协同链是平台应对应用需求进行数据协同和工作流任务调度的至关重要的一环。鉴于时空大数据与计算存储资源的矛盾，时空大数据工作流任务的主要挑战是如何在有限的计算资源里进行高效的数据处理分析。一方面时空大数据如何跨不同平台、不同服务进行数据共享、同步是一个难题，另一方面如何利用边缘计算和云计算的优势，制订高效的任务调度策略也是平台的挑战之一。因此，天空地一体化时空大数据平台利用边云计算、人工智能等技术进行跨平台异构服务编排调度和计算任务调度，达到数据协同，最终实现天空地一体化数据的感知与理解。

4.1　数据协同链

时空大数据系统中数据的获取和应用可以分为感知和理解两个阶段。感知是基于采集到的实时动态数据，结合基础背景数据，形成目标事物的检测、识别，以呈现城市运行的状态；理解则是在通过感知获取到信息的基础上，基于知识框架与规则，形成对目标事物的区分、判定、预测，以呈现城市运行的事件演化。

4.1.1　含义

数据链是军事上的一个术语，是一个信息系统，按照规定的消息格式和通信协议链接传感器，指挥控制系统和武器平台（罗强一，2017）。

数据协同的基本出发点是：在不改变目前烟囱式系统建设的模式下，通过采集最小规模的数据，协同各系统完成任务。这个协同是以具体任务为目标，采集各系统中相关数据，在业务模型的组织下，进行多源数据深度融合，协同完成任务。

因此，数据协同链可以表述为：利用数据通信技术将各业务系统信息共享、实时处理并生成统一态势，改变人工传递、人工处理模式为自动生成指令和人工干预相结合模式，使各子系统交互协同，实现高效协同，从而形成决策优势（吕娜，2011）。

构建天空地一体化大数据平台，一个核心目标是要实现对城市区域天空地全方位时空的感知与理解。而各个实时感知终端和数据源在各个业务系统，这需要从各个业务系统获得基本的数据，并给各个业务系统下发指令。以石化危爆品仓储园区的安防场景为例，介绍数据协同链的概念。通常园区的运行监测任务包括入园车辆定位追踪、访客园区定位追踪、早期火灾监测、管道泄漏预测、危重区域人员抵近监测。

以入园车辆定位追踪的任务为例介绍数据协同链。入园车辆自进入园区后，要持续定位跟踪它在园区内的位置，直到它离开园区，任务结束。这个过程中，要协同一系列业务系统，完成数据获取、分析、交互，这些信息处理的过程和交互指令，构成一个数据协同链。

园区已有系统：①感知与理解平台，以下简称平台，是示例数据协同链的执行载体，有数据总线与各个业务系统（通常通过交换共享服务）交互；②园区视频监控系统，系统内有园区监测点和摄像设备数据，以及视频、图像数据；③园区人员管理系统，系统内有员工、访客数据；④园区车辆管理系统，系统内有车辆相关登记数据；⑤园区管理系统，系统内有停车场、楼宇、入驻企业数据。

入园车辆定位追踪的数据协同链如图 4.1 所示。

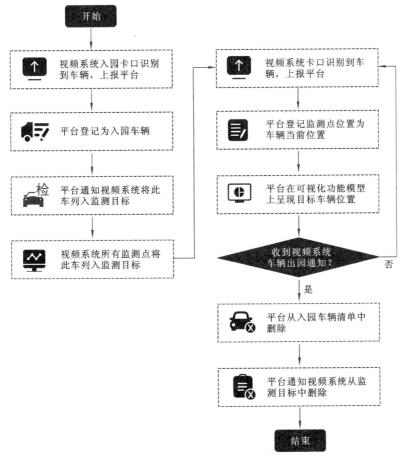

图 4.1　入园车辆定位追踪数据协同链

在这个过程中，平台获取到视频监控系统的必要数据（上报的入园车辆信息），发起定位追踪任务，根据定位追踪任务的需要，下达指令给视频监控系统，视频监控系统按自身的职责执行指令，并返回给平台，平台呈现车辆定位（为了简化，这里没再列从其他系统中获取信息综合呈现），直到车辆离开园区，针对该车辆的定位追踪任务结束。

数据协同涉及几个问题。①感知与理解平台与业务系统之间的安全隔离。感知与理解平台从业务系统获取数据，然后给业务系统下达指令，但下达指令可能会冲击到业务系统的安全，需要有一个统一的规划和协议。通常，业务系统都会建立对外的交换共享网关。②感知与理解平台需要建立与业务系统之间的实时消息通道。基础数据通过离线等方式一次性获取，业务系统的实时动态数据实时提供给平台，平台实现实时智能感知。③感知与理解平台需要建立与业务系统之间的功能调用。平台介入业务过程，通过业务功能完成任务，实现自动化指令任务，不需要业务系统做开发来实现。

4.1.2 系统定位

时空大数据平台涉及政府的各个部门和社会各个层面，涉及大量的现有信息系统。这些信息和业务像人身体系统的各个组织和毛细血管一样，分散而成为有机整体。针对高层决策和宏观管理的需求，有必要建设大数据系统，对信息进行汇总、抽象、识别、判断，类似于人的大脑一样协同指挥身体系统。这正是我国各地正在大力建设的城市大脑项目。

城市区域的天空地一体化感知与理解系统定位为一个大数据系统，它依赖于现有各个业务的信息系统，从中批量或实时获取数据，进行信息检测后，获得对设定事项或目标的综合感知；进一步，在获得的感知信息基础上，形成对事件或目标的理解，以及决策行动（如预警）。

天空地一体化感知与理解系统定位概括为：①是在现有业务信息系统的数据之上构建的大数据平台，不取代当地现有任何一个业务系统；②为当地提供综合关联分析后的信息数据（通过 API 接口），现有的业务信息系统可以利用这些信息数据进行业务流程改进，但自身不涉及任何定制化业务功能；③本身也是一个独立的信息系统，若无特别业务流程上的要求，可以作为一个通用的城市监测系统运行；④是一个数据协同工作流调度中台，为其他应用系统提供数据和模型的服务（以微服务 API 的方式提供）。

4.2 工作流调度

工作流指的是业务过程的部分或整体在计算机应用环境下的自动化（叶立新 等，2000）。在实际大数据应用开发场景中，单个大任务通常可以划分为含有约束关系的若干个小任务 $\{T_1, T_2, T_3, T_4, T_5\}$，其中 T_1、T_2、T_3 无依赖关系，T_4 依赖 T_1、T_2、T_3 的执行结果，T_5 依赖 T_4 的执行结果，通常的调度方法为并行执行 T_1、T_2、T_3，待全部处理执行完成后执行 T_4，待 T_4 计算完毕后最后计算执行 T_5。

上述调度方式通常都是通过操作系统的计划任务进程（Linux 下为 crontab，下文以 crontab 来表示计划任务程序）来定义的，但是时间久了就会出现很多情况：①大量的 crontab 任务都在排队等待，如何加以控制；②工作任务不能及时进行或者是因为各种情况所造成的错误，需要进行重试；③在调度平台上出现许多服务器时，由于 crontab 散布于许多的集群计算机中，分散运维必须花费大量的时间。此外，有向无环图（directed acyclic graph，DAG）也用于抽象的上述调度模式。T 划分后的每个子任务 $\{T_1, T_2, T_3, T_4, T_5\}$ 都可以抽象为 DAG 中的一个流，无依赖关系的子任务可以并行执行，比如上述的 T_1、T_2、

T_3。因此，需要一个工作流调度引擎来完成数据协同中的工作流调度，如图 4.2 所示。

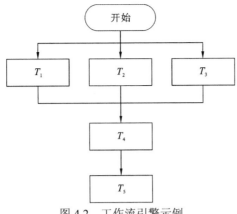

图 4.2 工作流引擎示例

除了上述问题，工作流的调度器还需要执行有一定的循环规律的周期性任务或者定时计划任务，并且在任务执行过程中监控状态并进行异常报警。

多集群环境下高效管理任务的工作流引擎包含以下组件。

（1）工作流调度引擎：该组件用于定义和执行一个特定顺序的工作流等。

（2）协作引擎：该组件用于支持基于事件、系统资源存在等条件的工作流的自动执行；简单理解为工作流的协调者，它可以将多个连续的工作流协调成一个协作的工作流进行处理。

（3）批处理引擎：该引擎可以提供具有良好的扩展性与容错性及高吞吐率等特性的批量化处理方法，保证同组协作应用程序进行统一管理。

（4）工作流跟踪器：该组件支持工作流应用程序执行过程的记录跟踪，如图 4.3 所示。

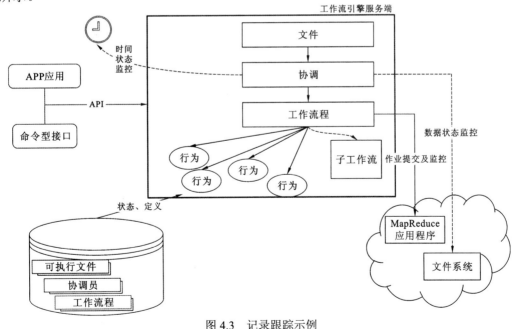

图 4.3 记录跟踪示例

4.2.1　工作流调度引擎

（1）经常使用 Hadoop 流程定义语言 hPDL 或 JBOSS JBPM 的 jPDL 的流程定义语言来描述工作流。

（2）一个工作流程由一组工作流程的控制节点和行为节点构成，它们之间采用控制流联系。工作流控制节点规定了工作流的启动与终止，工作流的运行方向也由它控制。而行为节点则包括了一些执行、管理任务，它们都能够设定时间。

（3）工作流执行图如图 4.4 所示，图中 MR 表示 MapReduce，是 Hadoop 的核心计算框架；Pig 表示一种探索大规模数据集的脚本语言。

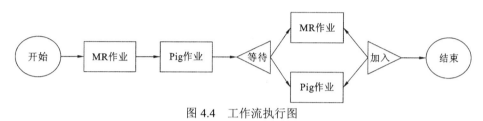

图 4.4　工作流执行图

（4）工作流节点状态见表 4.1。

表 4.1　工作流节点状态表

状态	含义说明
PREP	一个工作流 Job 在第一次创建时将处在 PREP 状态，表示工作流 Job 已定义好，但仍不能执行
RUNNING	当一个已被创建的工作流 Job 开始运行的时候，它还处在 RUNNING 阶段。它无法到达终止阶段，但可以因出错而被终止，或被挂起
SUSPENDED	一个 RUNNING 状态的工作流 Job 将成为 SUSPENDED 状态，并且它将始终保持在该状态，除非该工作流 Job 已经重新开始工作，或是被杀死
SUCCEEDED	如果一个 RUNNING 状态的工作流 Job 到达了 End 节点时，它就成了 SUCCEEDED 的最终完成状态
KILLED	如果某个工作流 Job 处在被创建后的状态，又或是处在 RUNNING、SUSPENDED 的状态时，或者被杀死了，则工作流 Job 就成了 KILLED 状态
FAILED	如果一个工作流 Job 因不可预测的错误或失败而结束工作，它将会成为 FAILED 状态

（5）工作流状态转换见表 4.2。

表 4.2　工作流状态转移表

转移前状态	转移后状态集合
未启动	PREP
PREP	RUNNING、KILLED
RUNNING	SUSPENDED、SUCCEEDED、KILLED、FAILED
SUSPENDED	RUNNING、KILLED

（6）工作流控制节点类型见表 4.3。

表 4.3　工作流控制节点类型表

节点	XML 元素类型	描述
Start	start	该节点定义一个 workflow 的起始节点，一个 workflow 只能有且只有一个 Start 节点
End	end	定义一个 workflow 的结束节点
Decision	decision	该节点用于描述 switch-case 逻辑
Fork	fork	该节点会将多个执行流程分为多个并非操作
Join	join	等待前面的 fork 节点指定的所有 action 完成
Sub-workflow	sub-workflow	该节点会调用一个子 workflow
Kill	kill	该节点会使服务器杀死当前的 workflow 作业

4.2.2　协作引擎

用户一般在工作流作业上运行 Map Reduce、流式数据处理、存储或查询作业。这些作业中的多个能够组合起来构成一个协作作业。协作引擎用于处理这类工作。

一般地，协作作业是根据定期的时间间隔和数据的可用性来运行的，在特定的情况下可以由一些具体因素触发。

协作作业的条件通常用谓词来描述，谓词通常用数据、时间或其他因素来描述。在工作流作业开始前，必须达到谓词所需要的条件，使工作流可以准确、正常地运行。

此外，有必要在计划的基础上，将拥有不同时间间隔的工作流作业联系起来。几个随后运行的工作流的输出将成为下一个工作流的输入。整个工作流的执行过程被称为数据应用管道。协作引擎允许用户定义并执行一个具有周期性和依赖性的数据应用管道，见图 4.5。

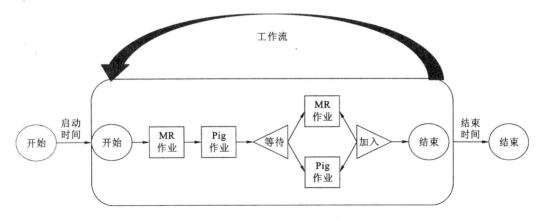

图 4.5　Docker 容器整体架构图

4.2.3 批处理引擎

批处理是一种更高级的工作流调度，用户能够在批处理级别开启/终止/中断/还原/重新执行，以便获得更好、更容易的操作控制。

具体来说，用户能够借助批处理引擎（图4.6）来定义并执行一些协作应用程序，而这种应用一般被定位为数据管道。在批处理流程中，程序间一般不是显式的依赖关系。不过，它们也很可能利用对协作应用程序间的数据依赖机制，来建立隐式的应用程序管道。

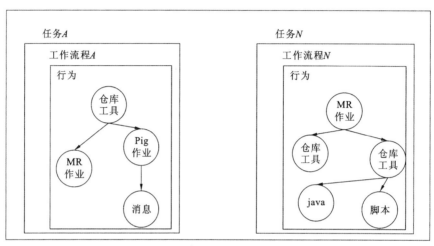

图 4.6　批处理引擎

在任何时候，批处理任务一定处于以下状态的其中一种：PREP、RUNNING、RUNNINGWITHERROR、SUSPENDED、PREPSUSPENDED、SUSPENDEDWITHERROR、PAUSED、PREPPAUSED、SUCCEEDED、DONEWITHERROR、KILLED、FAILED，如表4.4和表4.5所示。

表 4.4　批处理任务状态表

状态	含义说明
PREP	一个批处理任务在第一次创建时将处在 PREP 状态，表示批处理任务已定义好，但仍不能执行
RUNNING	当一个已被创建的批处理任务开始运行的时候，它还处在 RUNNING 阶段。它无法到达终止阶段，但可以因出错而被终止，或被挂起
RUNNINGWITHERROR	一旦批处理任务中的任何一个或多个协作应用程序进入 FAILED/KILLED 状态，批处理任务将进入 RUNNINGWITHERROR 状态
SUSPENDED	一个 RUNNING 状态的批处理程序会变成 SUSPENDED 状态
PREPSUSPENDED	当用户对一个处于 PREP 状态的批处理任务执行 suspend，这个批处理任务即进入 PREPSUSPENDED 状态

状态	含义说明
SUSPENDEDWITHERROR	当用户对一个处于 RUNNINGWITHERROR 状态的批处理任务执行 suspend，这个批处理任务即进入 SUSPENDEDWITHERROR 状态
PAUSED	当用户对一个处于 RUNNING 状态的批处理任务执行 pause，这个批处理任务即进入 PAUSED 状态
PREPPAUSED	当用户对一个处于 PREP 状态的批处理任务执行 pause，这个批处理任务即进入 PREPPAUSED 状态
SUCCEEDED	如果所有的协作应用程序都是 SUCCEEDED 状态，批处理任务就会变成 SUCCEEDED 最终完成状态
DONEWITHERROR	如果并不是所有的协作应用程序都是 SUCCEEDED 状态，批处理任务就会变成 DONEWITHERROR 状态
KILLED	当用户对一个批处理任务进行 kill 请求，这个批处理任务就进入 KILLED 状态并通知以下的协同应用程序进行 kill
FAILED	当一个批处理程序因不可预期的错误失败而终止，就会变成 FAILED 状态

表 4.5 批处理任务状态转移表

转移前状态	转移后状态集合
PREP	PREPSUSPENDED、PREPPAUSED、RUNNING、KILLED
RUNNING	RUNNINGWITHERROR、SUSPENDED、PAUSED、SUCCEEDED、KILLED
RUNNINGWITHERROR	RUNNING、SUSPENDEDWITHERROR、PAUSEDWITHERROR、DONEWITHERROR、FAILED、KILLED
PREPSUSPENDED	PREP、KILLED
SUSPENDED	RUNNING、KILLED
SUSPENDEDWITHERROR	RUNNINGWITHERROR、KILLED
PREPPAUSED	PREP、KILLED
PAUSED	SUSPENDED、RUNNING、KILLED
PAUSEDWITHERROR	SUSPENDEDWITHERROR、RUNNINGWITHERROR、KILLED

4.3 跨平台异构服务编排调度

为了实现数据共享，各级政府部门建设了支撑满足各类业务需求的数据库、平台及应用的异构云平台，产生了不同层次（软件层、平台层、资源层）、不同粒度［虚拟机、磁盘、中央处理器（central processing unit，CPU）、内存］、不同平台（华为云、阿里云、OpenStack 开源云）的大规模分布式云服务，用户需要根据不同的应用场景，选择不同云平台优势服务，可以充分发挥单个特有云服务的优势，如何管理并调度这些云服务，以便更好地发挥混合云服务，使数据库、平台及应用快捷伸缩、迁移，实现弹性扩展，多云异构服务编排调度技术正是解决此类问题的关键技术。

云应用部署一般采用最传统的手动方式完成云计算相关资源的分配或运维，安全性和及时性无法保证，更不用提自动性，使得无法充分利用云的动态性（如弹性伸缩、自动扩容）来提高云的效能。需要构建能够可视化的编排工具，快速完成应用和资源的混合编排，一键式自动化部署和配置，简化运维工作，提高工作效率。

虽然天空地时空大数据云服务平台含有大量具有计算能力强、可用性高等特点的云计算节点，且可提供多种类型的云服务资源，但各个云节点的计算与传输具有很大的差异，无法满足混合云应用服务的高性能资源需求，因此需要解决多云服务资源编排调度的问题。

多云用户涉及的范围也很广，且不同的用户的业务需求差别很大。目前建设的异构多云平台，采用国内不同厂家的云平台，每种云平台产品功能相似，如何建立云平台间的技术标准规范，统一高效的集成异构多云平台，协同编排调度多个云应用和资源，是多云管理需要研究的重要问题之一。

一个完整的多云异构服务编排调度系统应该包含云组件集成与扩展、云编排管理、云编排调度引擎、云编排系统管理及可视化编排 5 个部分，见图 4.7。

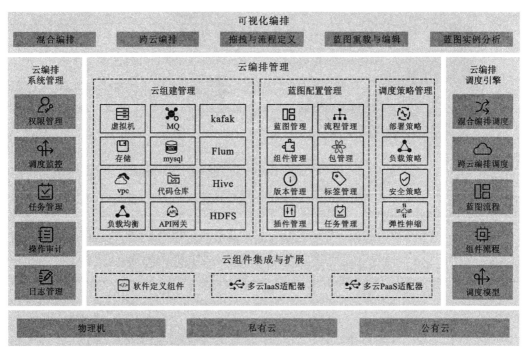

图 4.7　跨平台异构服务编排调度系统的可视化编排

云组件集成与扩展，主要基于 IaaS 适配器和平台即服务（platform as a service，PaaS）适配器与云平台集成，通过软件定义组件形成统一标准化接口，实现云组件的集成与扩展。

云编排管理，主要负责云组件的统一定义管理，将云组件编排构建形成蓝图，并根据业务需要设置调度策略。

云编排调度引擎，根据蓝图及调度策略进行实例化，支持混合调度和跨云调度，实现蓝图和组件的自动化部署和交付。

云编排系统管理，负责管理用户及权限信息，对调度过程和任务进行监控管理，对租户操作和日志信息进行审计。

可视化编排，提供拖拽式蓝图与流程定义模式，建立混合编排和跨云编排蓝图，对蓝图实例化及调度结果进行可视化分析展示。

4.3.1　开放服务代理技术

在将服务接入调度系统进行统一管理和使用时，需要面对各种各样的互联网技术（internet technology，IT）资源。为了能够将这些异构 IT 资源以服务的方式接入服务管理引擎中，需要一套开放的服务接入规范——开放服务代理技术。开放服务代理技术是云服务管理引擎和异构 IT 资源之间的一个抽象层，由一套 API 接口和系统间交互流程构成。服务接入规范分为三个部分，对应服务管理和使用中的三个层级。

（1）服务生命周期管理接口：这是第一个也是最基础的一个层级，定义了服务实例的生命周期管理的 API 接口和系统间交互流程，如创建服务实例、销毁服务实例等。

（2）扩展功能接口：这是第二个层级，定义了如何为服务实例定义简单的管理和使用的功能，如启/停服务实例等。通过这层规范实现的功能与系统有较强的集成性，实现的功能会以一致的方式在云服务管理引擎中展现。

（3）服务自定义界面：前两个层级的规范定义了一致的方式，为接入服务提供了通用的功能集成标准，但是通用标准往往会忽略掉特性。第三层规范就是为了保留每一个服务在接入云服务管理引擎之后还能保留自身特性而设计的。规范中定义了为每种服务定制化页面实现个性化展现和复杂功能操作，并通过界面模块化技术把定制化服务实例界面集成到云服务管理引擎的界面中。也可以使用传统技术定制页面，并通过单点登录（single sign on，SSO）技术实现和云服务管理引擎集成。

开放服务代理技术有以下两大特点。

（1）兼容性：通过规范分级，最大限度地保证对异构 IT 资源的兼容性，让服务管理引擎能够接入各种各样的 IT 资源提供的服务。

（2）专业性：为接入服务提供了通用的管理和使用方式，保证常见服务的接入，同时为服务预留了深度定制管理和使用方式的接口，为一些有特殊展现需求、复杂功能使用方式的服务最大限度地保留这些服务的专业性。

4.3.2　自定义业务流程技术

云编排业务流程管理系统使用了基于业务流程模型化技术，使用描述性语句定义了一条行业流程图，并支持用于建立业务流程操作的图形化模式。详细的业务流程一般由若干图形元素所构成并且各个元素都有着具体的特征，而通过图形化元素则能够方便模型的开发及用户的认识和应用。一般来说，整个系统可以分为流对象、连接对象、泳道三个元素类型。

1. 流对象

在业务流程中，人们一般使用流元素图来描述业务流程中的各种图形内容，具体可以划分为三种大的形式，依次为事件、活动和条件。

（1）事件：事件控制一个完整的流过程，用来描述流过程期间产生的具体结果，通常用圆形来定义。

（2）活动：活动用来描述待处理事件，通常用圆角矩形来定义。

（3）条件：条件用于控制序列流及路径的分支与合并，通常用菱形表示。

2. 连接对象

每个流对象与业务流程中其他信息的关联是通过连接对象建立的，通常可将连接对象细分为以下4种类型。

（1）顺序流：顺序流用实心箭头表示，用以决定业务流程中流对象的先后顺序，也用于指定活动执行的顺序。

（2）消息流：消息流通常用带有开箭头的虚线表示，用于描述两个独立业务参与者之间发送和接收的消息流。

（3）关联：应用的开始条件与执行结果通常用关联来定义。

（4）数据关联：数据关联表示流程、活动和数据对象之间的数据转移。

3. 泳道

泳道通常被用来区分不同部门或不同参与者的职能和责任。泳道包含两种类别：池和道。池用来表示流程的参与者，池可以被细分为多个道，可以是垂直的也可以是水平的。道也用于组织和分类活动（于秀梅 等，2010）。

4.3.3 异步调用机制

1. 异步机制

多云编排涉及复杂网络和大量镜像迁移，以及性能提升等情况，而异步调用机制能够有效处理应用之间的协同交互问题。异步机制可以从服务端和客户端两个方面进行理解。

服务端使用异步机制的主要目的是将"处理连接"与"处理请求"解耦。对服务器而言，如果处理连接的线程被一个需要较长时间才能处理完毕的任务阻塞，服务器处理连接的能力就会下降，而此时服务器的资源很有可能是空闲的。因此，将处理连接和处理请求任务解耦，处理连接的线程接收到请求后将它分配给处理请求任务的线程，避免任务需要较长时间等待，从而提供更高的吞吐率。处理请求的线程相对于处理连接的线程，是异步执行的，当任务结束后，服务器会从上下文中找到当前连接，任务执行结果作为该连接请求的响应。

对客户端而言，如果客户端在收到响应后才处理其他事件（比如等待人员在线审核之后才能进一步保持人员信息），客户端的行为都是同步且阻塞的。为了让客户端的流程不受服务端处理的阻塞，可以在客户端启用异步机制。在请求发出前，先注册事件通知，请求发出后，流程继续执行而不等待。当响应到达后，客户端处理响应信息并更新状态。

2. 消息机制

云协调管理通过基于高级消息排队协议（advanced message queuing protocol，AMQP）的消息排队技术来完成应用程序之间的消息。在客户端启用时，一个没有识别属性的专属回调队列被建立。在一个远程过程调用（RPC）的请求时，客户端先向这个队列发送了带有两个属性的请求，当客户端接收到了这个请求时，在执行结束以后，又传送了一个包含当前执行结果的请求至 reply_to 字段内所定义的队列。然后伺服器端在回调队列中等待数据，而当伺服器端接收到回调队列中的所有数据时，就将检测 correlation_id 等属性。如果该属性的数值和请求相符，就会返回给应用程序。

消息队列由 Broker、Virtual Host、Connection、Channel、Exchange、Queue、Binding 等部件组成。每个消息都可以提供回应，以使消息队列确定该消息确实被收到。消息队列重新投递消息依靠与 consumer 的网络连接，只要网络连接正常，就不会导致消息队列重投消息。

3. 基于消息队列的远程过程调用机制

基于消息队列的 RPC，客户端向服务器发送定义的队列消息，其中携带的消息是要被服务器调用的方法和参数，同时在消息体中告诉服务器将结果返回到指定的队列中。由上所述，基于消息队列的 RPC 属于异步调用。

4.3.4 多云应用自动化部署技术

多云应用自动化部署主要是通过使用一个统一的部署管理插件实现的，通过该插件可以调用每个云服务的接口并和配置到每个计算资源上的代理应用相结合（图 4.8）。流程如下。

（1）在收到用户的应用部署请求后，云管理门户根据需求的不同特点，将它派发给不同云平台的 API 适配网关。

（2）API 适配网关通过调用多云弹性计算服务适配接口建立计算资源，并通过调用多云网络适配接口建立虚拟网络。

（3）通过 API 适配网关，为每个计算资源提供一个长任务。代理软件首先得到计算资源的应用软件，之后再通过使用计算资源的命令与脚本完成工作部署。

（4）代理软件定期查询应用程序在计算资源中的部署情况，并反馈给 API 适配网关。

（5）最终所有的进度都将通过 API 适配网关汇总到云管理门户中。

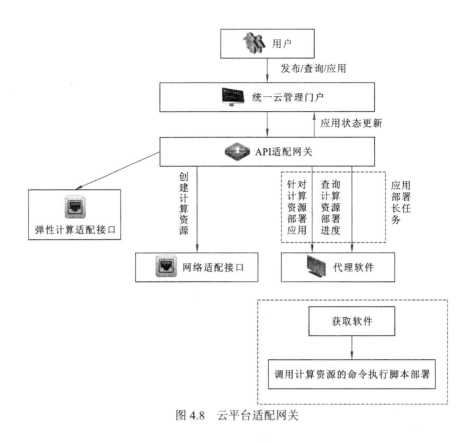

图 4.8　云平台适配网关

4.4　数据协同计算任务调度

随着人工智能技术的飞速进步及终端设备的大众化发展，终端设备产生的数据量与日俱增，面向物联网等场景的边缘终端设备的边缘式数据处理方式通常以边缘计算人工智能（artificial intelligence，AI）模型为核心以提供低延迟的服务，然而对计算任务准确率的高要求又倒逼模型的规模和数据量剧增。数据显示，2015 年，在图像识别领域，AI 模型正确率为 96.5%，相比 2012 年提高了 12.5%。同样，语音识别领域的错误率已经降到 5% 以下。但与此同时，模型的规模和数据量有数十倍的增长（闫志明 等，2017）。因此，AI 模型应当部署在云端设备中以获取更高的计算效率。如何平衡延迟和运算速度是当前 AI 计算任务调度的一个问题。另外，在实际应用场景中往往需要在单个设备（不管是云端还是边缘）上执行多个 AI 模型计算任务。然而，设备的现有可用资源难以满足多个复杂 AI 模型（比如深度神经网络模型）更加复杂的计算操作和更加庞大的存储需求，因此如何在满足实时性要求下，将多个 AI 模型同时部署到一个设备上进行多 AI 任务的并行计算是当前挑战之一。为了解决上述问题，采用两个层次的调度，分别是基于预分类算法的云边自适应 AI 计算任务调度和基于模型预分层的 AI 计算任务调度。

4.4.1　基于预分类算法的云边自适应 AI 计算任务调度

通常数据协同的应用场景包含物联网等场景，因此其调度过程中会将能效问题作为重点考虑因素。在图像识别领域，以 Inception_V4（Szegedy et al., 2016）和 MobileNet_V1（Howard et al., 2017）两种深度学习模型为例，前者为结合 ResNet 的复杂网络结构模型，后者为可在移动设备和嵌入式设备上运行的轻量级模型，将两者分别在边缘设备（NVIDIA JetsonTX2）和云端设备（RaspberryPi 3B+）上进行图像识别，并记录相应的推理时间、能耗及准确率。

模型训练集均基于 2012 年 ImageNet 大规模视觉识别挑战大赛训练集所创建，测试集为 2012 年 ImageNet 大规模视觉识别挑战大赛验证集，数据量大约为 50 000 张图像。在分类任务中，将图像输入 MobileNet_V1 和 Inception_V4 两种模型，模型通过标签对图像进行分类，并产生相应的置信度，输出便为递减顺序的置信度值，标签的位置越靠前表示标签与对象的一致性越高。评判标准根据 ImageNet 大规模视觉识别挑战大赛评判规则所创立，评估模型时，只选用置信度排列第一（Top-1）和前五（Top-5）的标签，确切而言，对于排列 Top-1 的标签，判断它与图像实际标签是否相符合，对于排列 Top-5 的标签，判断图像实际标签是否位于其中。

由表 4.6～表 4.8 可知，在测试集 IMAGENETILVRC-2012 中，轻量级模型 MobileNet_V1 平均识别一张图像的推理时间为 268.8 ms（远端：519.63 ms，边缘：18 ms），能耗为 0.32 J（云端：0.49 J，边缘：0.14 J），Top-1 标签的识别准确率为 70.74%。复杂模型 Inception_V4 平均识别一张图像的推理时间为 3 393.58 ms（云端：6 680 ms，边缘：107.18 ms），能耗为 4.5 J（云端：6.66 J，边缘：2.4 J），Top-1 标签的识别准确率为 80.18%。因此，MobileNet_V1 与 Inception_V4 相比，平均推理时间和平均能耗分别降低 92.1% 和 92.9%，而 Top-1 标签的识别准确率仅降低了 9.44%。此外，对边缘设备来说，在整体性能方面表现更优，平均推理时间比云端设备降低了 98.2%，平均能耗降低了 64.4%。

表 4.6　MobileNet_V1 和 Inception_V4 的平均推理时间　　　　（单位：ms）

模型/平台	RaspberryPi 3B+	Jetson TX2
MobileNet_V1	519.63	18
Inception_V4	6 680	107.18

表 4.7　MobileNet_V1 和 Inception_V4 的平均推理能耗　　　　（单位：J）

模型/平台	RaspberryPi 3B+	Jetson TX2
MobileNet_V1	0.49	0.14
Inception_V4	6.66	2.4

表 4.8　MobileNet_V1 和 Inception_V4 的平均准确率　　　　（单位：%）

模型/平台	RaspberryPi 3B+	Jetson TX2
MobileNet_V1	70.74	89.53
Inception_V4	80.18	95.19

对实验结果进行深入分析，在测试集 IMAGENETILVRC-2012 中，对于复杂度较低的图像，其中 67.2%的图像可以在 MobileNet_V1 和 Inception_V4 上准确识别；对于复杂度较高的图像，仅有 12.96%的图像可以在 Inception_V4 上准确识别。

根据上述结论，可以设计一个边云自适应调度算法，首先将各种深度学习模型安装到性能不同的设备中，该算法再根据任务的复杂度和用户的性能需求的不同，选用合适的模型和设备对任务进行处理，以达到动态调度的目的。举例来说，MobileNet_V1 展现了良好的便携性，Inception_V4 展现了较高的准确率，将两者相结合，根据图像的复杂度和用户使用场景进行合理调度。对于复杂场景的图像，将 Inception_V4 安装到云端设备中，从而在云端上执行分类任务；但当用户网络不佳时，将 MobileNet_V1 安装到边缘设备中，从而在本地上执行分类任务，最终目标是在确保响应速度的前提下，尽可能提升识别准确率，降低能耗。

1. 调度算法设计

基于预分类算法的云边自适应 AI 计算任务调度策略，是在边缘设备上部署满足用户精度需求的轻量级模型，模型主要有三个特点：一是模型符合用户准确率要求，二是模型网络结构简单，三是模型响应速度较快。本地部署可以较好地解决网络延迟的问题，而在云端设备上，利用云端资源可以部署高精度模型。对于较复杂的任务，边缘设备中的高性能模型既能够保证任务准确率，还能够保护用户个人隐私。

该算法的目的是在确保任务准确率和响应时间的前提下，尽可能降低推理时间和能耗。举例来说，在图像分类任务中，具体流程（图 4.9）分为以下四步。

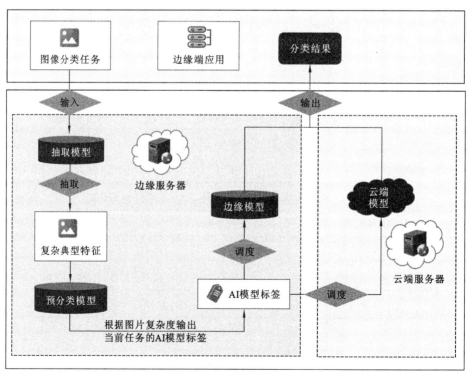

图 4.9　图像分类任务算法流程图

第一步，对于图像分类任务，将图像数据集输入边缘设备中；第二步，图像复杂度作为预分类的关键信息，预分类模型的输入即为所提取的与图像复杂度相关的特征；第三步，预分类模型的输出则是与任务相匹配的 AI 模型标签，并根据图像复杂度决定分类任务在云端还是在边缘端执行；最后一步，边缘端或云端 AI 模型输出图像分类结果。

2. 调度算法应用分析

在图像分类任务中，以 Inception 模型和 MobileNet 模型为例，对调度算法进行研究分析。其中 Inception 结构经过 4 次迭代已经发展到 Inception_V4。Inception-V1 通过挖掘 1×1 卷积核来提升训练效率；Inception_V2 通过将一个 5×5 的卷积核替换成 2 个 3×3 的卷积核来提高训练速度；Inception_V3 在辅助分类器上选择了 BatchNorm，加快了模型学习速度与稳定性；Inception_V4 结合了残差网络，解决了梯度消失和梯度爆炸的问题。

在残差网络中，主要分为两层残差学习单元和三层残差学习单元，主要目的为在提升网络深度的同时，降低计算量，从而减少错误率。其中 ResNet-50、ResNet-101 和 ResNet-152 进行三层间的残差学习，三者在 con2_x 模块中结构数目相同；在 con3_x 模块中，结构数目分别为 4、4 和 8；在 con4_x 模块中，结构数目分别为 6、23 和 36，而最后在 con5_x 模块中三者又相同。结构数目的增多表示模型深度的增加，深度的增加可以减少错误率，提升精度。

在轻量级模型方面，算法研究了 MobileNet 和 ShuffleNet 两个模型。对 MobileNet 模型而言，由 3 个部分组成，分别是卷积层、平均池化层和全连接层。卷积层又由标准卷积层和深度可分离卷积层组成，其中深度可分离卷积是模型实现轻量化的关键所在，由逐通道卷积和逐点卷积组成，逐通道卷积使卷积核与通道一一对应，逐点卷积融合通道间信息，通过这种方式有效提升了效率。MobileNet_V2 与 MobileNet_V1 的不同之处在于含有两个逐点卷积，并且取消了相应的激活函数，再结合残差结构，进一步提升效率。对于 ShuffleNet 模型，由于以计算量评估模型性能存在误差，选择以实际内存消耗评估模型性能，使用效率更高的 ShuffleNet_V2 进行分析。各模型的对比分析见表4.9。

表 4.9 常用 AI 模型和规模对比

模型名称	参数量/M	层数
Inception_V1	7.0	22
Inception_V2	11.3	32
Inception_V3	25.6	58
ResNet_50（V1，V2）	25.6	50
ResNet_101（V1，V2）	51.0	101
ResNet_152（V1，V2）	76.5	152
MobileNet_V1	4.2	28
MobileNet_V2	3.5	55
ShuffleNet_V2	3.4	50

由分析可见，在基于深度学习的图像分类任务中，动态调度策略为将轻量级 AI 模型部署在边缘，但当该模型产生较大误差时，使用其他模型继续执行分类任务，并选择其中准确率最高的 AI 模型部署在云端。

4.4.2　基于模型预分层的 AI 计算任务调度

边缘终端的性能在逐步提升，自然就产生在一个边缘终端上同时执行多个 AI 任务的需求。例如，在高速公路上的单个卡口，同时执行车牌识别、压实线检测、超速检测、未系安全带检测等任务，进行综合执法。但限于边缘终端的计算、存储、网络等资源有限，涉及深度神经网络（deep neural networks，DNN）这样的大规模 AI 模型时，同时执行多个任务就难以达到实时性要求。为此，将 DNN 模型按照网络层次拆分成多个小模型的方法被提了出来（梁荣欣 等，2022）。

基于模型预分层的基本思路是事先针对每个 DNN 模型的特点，设置拆分点，将此模型拆分为多个子模型；然后检测终端的计算、存储、网络资源，在每个执行周期（P_{time}）里，对多个 DNN 的子模型进行选择组合，执行模型推理计算，并将结果传给边缘服务器进行合并处理。

更具体地说，在每个执行周期 P_{time} 里，边缘终端上要执行图像采集预处理、多个 AI 子模型推理、推理结果的上传，整个过程所用时间 P_t 不能超过 P_{time}。基于模型预分层 AI 任务调度系统主要由以下几个部分组成。

（1）模型预分层模块。负责将每个 AI 模型按照网络层次拆分成多个小的子模型。

（2）资源监控模块。负责实时检测边缘终端上可用的计算、存储和网络资源；并将任务调度模块选出一个预分层子模型组合部署到边缘终端上，以及将这个组合及对应的约束条件记录到调度结果表中。

（3）任务调度模块。以可用的计算、存储、网络资源和可用的时长 P_{time} 为约束条件，完成当前执行周期里要调用的子模型组合的选择。

（4）任务调度存储模块。用于避免重复预分层计算。系统触发 AI 任务时，首先调用此模块，查看任务调度结果表中是否已有此次 AI 任务的相同约束条件的记录，若有则直接按照记录中对应的预分层子模型组合部署到边缘终端上。

完整的调度架构图如图 4.10 所示。

1. 基于模型预分层的 AI 计算任务调度流程

基于模型预分层的 AI 计算任务调度的实现流程（图 4.11）如下。

（1）启动模型预分层线程和资源监控线程。

（2）计算任务被触发时，确定执行周期 P_{time}，并从资源监控线程获取当前可用的计算、存储和网络资源。

（3）调用任务调度存储线程，查找匹配的预分层子组合。若不存在，则调用任务调度线程选出最优预分层子模型组合，然后将它们部署到边缘终端上。

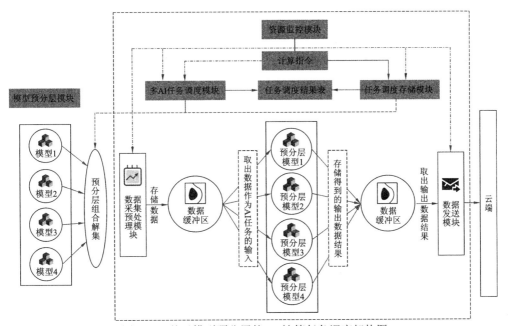

图 4.10　基于模型预分层的 AI 计算任务调度架构图

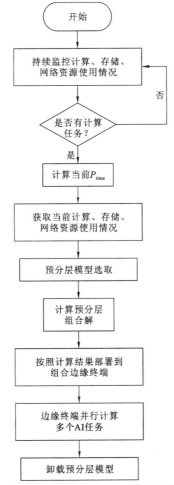

图 4.11　基于模型预分层的 AI 计算任务调度流程图

（4）数据采集预处理模块采集一份数据并复制 N 份，N 为该终端上要同时执行的 AI 任务个数。同时启动这 N 个 AI 任务的计算线程，对锁定的一份数据副本进行预处理，并执行推理计算，将计算结果发送到缓冲区中。

（5）数据发送模块将各个任务的子模型推理结果封装上传到边缘服务器。

（6）计算结束之后，卸载对应的预分层模型，直至新的计算任务触发，返回到步骤（2）循环执行。

2. AI 模型预分层方法

深度神经网络模型通常由很多层组成。将模型按层拆分为多个子模型，每个子模型承担对应层数的计算任务，这样可以减少模型规模和降低计算资源要求。一般需要根据模型各层之间的依赖关系，以及各层的参数量和计算量来选择拆分点。

在具体操作实施方面，目前多个深度学习框架都有支持的机制。以快速特征嵌入卷积结构（convolutional architecture for fast feature embedding，CAFFE）为例，模型数据主要存储表示在两个文件中：网络结构文件（prototxt）、模型权重文件（caffemodel）。拆分时，首先计算出各层的输入输出维度，构建各个子模型的 prototxt，然后调用 CAFFE 内建 API 接口读取各个子模型的 prototxt 文件，产生各个子模型的 caffemodel，从而得到拆分后的各个子模型的存储文件。

3. 多 AI 任务调度方法

假设边缘终端上要执行 N 个 AI 任务，则需要部署 N 个 AI 模型，它们拆分得到的预分层子模型个数分别为 $\{L_1, L_2, \cdots, L_N\}$。若从每个 AI 模型中各选取一个预分层模型，则预分层组合解集里共有（$L_1 \times L_2 \times \cdots \times L_N$）个候选解。因此，多 AI 任务调度方法可归结为这样的一个求解问题：在实时可用资源和 P_{time} 要求的约束下，从预分层组合解集中选出一个预分层组合解，部署到边缘终端上，在满足实时性能要求下，实现终端资源的最大化利用。具体的调度算法过程可参考梁荣欣等（2022），这里不再复述。

参 考 文 献

梁荣欣, 陈庆奎, 2022. 面向模型预分层的边缘终端多 AI 任务调度策略. 小型微型计算机系统, 43(6): 1154-1161.

罗强一, 2017. 数据链系统设计与运用中的重点问题. 指挥信息系统与技术, 8(6): 1-4.

吕娜, 2011. 数据链理论与系统. 北京: 电子工业出版社.

闫志明, 唐夏夏, 秦旋, 等, 2017. 教育人工智能(EAI)的内涵、关键技术与应用趋势: 美国《为人工智能的未来做好准备》和《国家人工智能研发战略规划》报告解析. 远程教育杂志(1): 26-35.

叶立新, 陈闳中, 郑航, 等, 2000. 基于工作流技术的 OA 系统模型. 计算机工程与应用, 36(6): 90-93.

于秀梅, 张昕若, 2010. 基于 web 的电子商务系统的设计与实现. 计算机与数字工程, 38(8): 78-80.

HOWARD A G, ZHU M, CHEN B, et al., 2017. MobileNets: Efficient convolutional neural networks for mobile vision applications. Computer Science: arXiv:1704. 04861.

SZEGEDY C, IOFFE S, VANHOUCKE V, et al., 2016. Inception_v4, Inception-ResNet and the impact of residual connections on learning. Computer Science: arXiv:1602. 07261.

第5章 时空大数据可视化

利用人眼感知能力和人脑智能，将难以直接显示或将不可见的数据映射为可感知的图形、颜色、纹理、符号等。对数据进行交互的可视表达，以提高数据识别效率并高效传递有用信息，增强对数据的认知是时空大数据可视化的目标。天空地时空大数据具有数据海量、多源异构、数据多维、语义复杂等特点，但受到目前技术发展的限制，难以对这些数据进行实时高效的绘制和有效的表达，从而影响时空数据的可视化表达和可视化分析。

5.1 可视化概述

随着卫星遥感、激光雷达、各种传感器等技术的进步，时空数据量呈指数形式增长，这些数据已经远超数据处理设备的处理能力。

数据可视化是通过计算机技术和图像技术对数据进行处理，使数据变成人眼可以快速识别的图像（陈莉 等，2005）。可视化通过形状、色彩、位置等属性对数据进行描述，以图形、图像、动画等形式呈现，使用户可以快速理解数据的含义并分析和挖掘其中的信息。

最基本的数据可视化方法是通过基础的统计方法对数据进行处理，以折线图、散点图、条形图、玫瑰图等图表展现，直观地表达数据的关系及其他信息。但对复杂的数据进行分析时（如交通数据、气象数据、人口数据等），这些简单的可视化方法已经无法很好地进行分析和表达（黄青云，2019）。时空数据的数据海量、多源异构、数据多维、语义复杂等特点，对时空数据的可视化提出了更高的要求，因此需要根据时空数据的特点和相关问题选择合适的可视化方法，进一步帮助用户理解和分析时空数据。

5.1.1 可视化方式

随着移动设备和各类传感器越来越普及，越来越多的数据与时间和空间信息相关联，使得时空数据成了大数据时代最普遍的数据类型之一。现实世界的任何事物和任何事情都与时间和空间息息相关（刘一鸣，2018），时间和空间已经成为数据必不可少的一部分。通过时间和空间两个方面来分析数据有助于人们了解和分析数据，利用不同的可视化方法直观地表示数据在时间和空间上的变化，同时利用分析方法去分析和挖掘数据所蕴含的丰富信息。目前的时空数据可视化方法主要是针对时序数据和地理信息数据。

时序数据可视化是从时间维度表示数据随时间的变化，这种变化可以通过动态和静态的方式进行表示。静态方式是将数据的不同属性通过比较等方法去直观地展示数据随时间的变化，其中的典型方法就是堆叠流图，这种方法不仅可以直观地展示数据的各个属性随时间的变化，也可以展示数据整体随时间的变化。但是静态方式仅适用于特定情况下特殊结构的数据，而且不可与数据的可视化进行交互。动态方式通过动画或交互的方式对数据进行处理，从而更好地展示数据随时间的变化。

地理信息数据一般是以地图的形式进行可视化。因为地理信息的种类众多、信息复杂，所以地理信息中的点数据、线数据和面数据都有不同的可视化方式。点数据一般是对地理信息的具体位置以点的形式进行绘制，同时对点数据的其他属性添加视觉元素，如不同城市的海拔高度这一属性，可通过设置不同颜色或柱状图进行表示。线数据一般是对连续的事物以线的形式进行展现，也可通过不同的视觉元素描述线数据的相关属性，如不同的河流的描述。面数据是对一定区域内的事物进行描述，并添加颜色或其他视觉元素进行表示。

时空数据综合的可视化方法较少，流式地图（Tobler，2013）是一种典型的时空数据可视化方法，这种方法可以描述目标对象的位置随时间的变化，例如运输货物的轨迹、人口的迁移情况等，但这种方法不适合结构或属性复杂的时空数据的可视化，如大规模气象数据的可视化，难以满足用户对这些数据的可视化需求。

5.1.2 可视分析方法

可视分析主要分为数据表达、交互式和推理预测三个不同的阶段（朱庆 等，2017）。这个发展阶段表明，人们对数据的处理从数据表面不断深入数据背后的信息发展，表达就是对数据的处理和展示，是对数据的分布、离散、聚集等情况的描述，以图表等可视化的形式更好地传递和表达数据。但随着数据的增长和社会活动的发展，人们对数据的可视化提出了更高的要求，仅对数据进行描述性可视化已经难以满足人们对数据的动态需求。交互式可视分析就是在描述性可视分析的基础上，以交互式的方法对数据进行分析和挖掘，从而帮助探索数据背后的信息。可视化推理是在数据的可视分析的基础上的预测推理，通过探索数据之间潜在的关系并构建数据之间的模型进行推理。

1. 描述性可视分析

描述性可视分析是对模型数据、时序数据、运动轨迹、地理信息数据等时空数据以符号化或专题地图等方式进行表达，可以帮助用户直观地了解时空数据的分布、聚集、离散等特征。目前对实时的动态感知数据的分析是非常重要的，主要有时序数据可视分析、轨迹数据可视分析等典型方法。时序数据可视分析分为静态表示和动态表示两种方法。静态表示方法是将时序数据中的变量通过坐标轴或其他形式表示数据在时间上的变化，常见的静态表示方法有折线图、散点图、柱形图、平行坐标图等。动态表示方法是对时序数据中的大小、颜色、形状等变量以动画的形式表示数据在时间上的变化。轨迹数据可视分析方法是对轨迹数据的时间、空间、轨迹、特征等不同的属性进行表达和分析，主要分为直接可视化、聚集可视化和特征可视化。直接可视化是对轨迹数据直接进行可视化和相关分析，如时空立方体和平行坐标等方法，但这种方法只适合数据量较小的轨迹数据，否则会出现大量的遮挡从而无法很好地表示每条轨迹。聚集可视化无法直接表示每条轨迹数据，可以对轨迹数据中的时间、空间、路径等属性进行分析和整理，然后对这些数据做聚合处理，再对这些聚集数据进行可视化和相关分析。特征可视化是对用户关注的某一部分具有共同特性的内容进行表达，如对于某条道路的车辆轨迹数据，假设用户想要研究的特征是时速大于 50 km 的车辆，可以以此为条件计算出相关特征的数据并进行可视化和分析。

2. 解释性可视分析

解释性可视分析是在对数据进行可视化表达的基础上，通过数据分析方法和数据挖掘等方式分析和解释数据的特征及隐藏的规律和特点，这就需要对数据之间的关联规则进行分析，但是关联规则却难以理解，不同规则之间的相关性也难以很好地表达。时空可视化方法可以对这些关联规则进行更深入的表达，通过交互操作突出强调更具相关性的规则，如可视化方法中的马赛克图可以很好地对这些规则进行可视化。根据数据的特点，可以通过聚类分析对不同特性的数据进行分类和组织，更好地表达数据在空间、时间或其他属性上的聚集情况。

3. 探索性可视分析

探索性可视分析方法在对时空数据可视化表达的基础上，通过人机交互的方式结合人的思维能力和思考方式对数据进行感知、探索不同的时空数据隐藏的特点和规律及关联关系，从而更好地表达现实世界城市的运行、规则特点及相互规则等，如不同尺度下的时空对象之间的关联关系可视化及相关推理分析。不同尺度下的时空对象的层次结构、不同时空属性之间的关联关系构成的复杂层次关系的可视化是目前探索性可视分析的重要内容。

5.1.3　可视化趋势

在大数据的背景下，可视化的研究主要呈现以下的趋势（崔迪 等，2017）。

（1）数据获取手段的发展推动着数据由单一的来源和形式向多种来源、多种尺度、多种维度、多种结构的数据发展，同时受可视化相关技术的限制，可视化面临海量数据、数据更新快、多源异构、难以高效表达等问题。针对这些问题，许多研究领域根据这些数据的特点进行研究，通过不同的数据结构和场景对数据进行高效组织，通过并行计算、云计算等技术解决海量数据等问题，提出 CityGML、3D Tiles 等数据格式以很好地解决数据多源异构的问题，这些不同领域的研究也不断推动数据可视化的发展。

（2）可视化所面临的用户群体正在从特定研究领域的专家转向大众领域。随着数据的海量剧增并伴随着通信技术的发展，对数据的理解和掌握的相关需求已经从研究人员转向新媒体下的每位使用者，这也促使着更加高效、易用、可扩展的数据可视化成为可视化的发展方向。

（3）目前人们对数据可视化的需求逐渐提高，传统的可视化已经难以满足这些需求，可视化不再仅仅局限于传统的描述性可视化，而是朝着深度挖掘数据表面难以发现的特点和规律，并借助人机交互的方式，赋予可视化新的呈现方式，可以在对已有数据的表达和分析上进行深入的探索，如数据的趋势及相关推理模型等。

5.1.4 可视化目标

在大数据时代，公安行业的数字化建设也取得了一定的进步，信息基础设施不断完善，积累了大量的基础数据，存在着数据海量、数据不集中、数据多源、数据孤立等问题（肖振涛，2018）。而有效整合、充分利用数据，提升监管和决策的精准度、有效性和科学性，是当前工作的迫切需求（杨伟涛 等，2021）。

大数据时代和信息化的背景下，数据已经成为非常重要的信息，人们的生活处处离不开数据，有效地利用这些数据已经成为推动社会发展的重要因素。对数据可视化来说，可以分为数据和可视化两个部分。数据是可视化的基础，在一定程度上来说，这个世界的数据是无限的，但是数据可视化的数据是有限的，并且这部分有限的数据也是海量的，因此如何更有效地处理这些数据无疑是非常重要的，比如如何以最少的数据满足特定可视化的需求从而提高可视化的性能，如何设计数据的结构从而更高效地管理和表达数据等。可视化是数据的呈现，数据的可视化需要满足用户对数据的理解和进一步探索，那么数据的可视化需以便于用户理解的方式尽可能向用户传递更多的信息，从而更好地帮助用户进行决策和分析。

5.2 时空大数据可视化基础

随着数据获取手段的发展和进步，时空数据的数据量呈指数形式快速增长，已经超出了目前数据处理设备的处理能力，面对数据海量、结构复杂、语义复杂的时空数据，普通用户难以对这些数据进行直观地理解和分析，因此需要借助不同类型的可视化方法对这些数据进行处理，以向用户传递更多便于理解、有效的信息。

5.2.1 流式地图与时空立方体

流式地图是将地图和流程图结合起来，记录目标对象的移动起始位置，从而直观地描述目标对象的变化规律或现象，比如在世界各地人口随时间的变化情况就可以通过流式地图记录迁徙地和目的地的流动情况，也可以表示一些活动的人口来源情况，如图 5.1 所示。

图 5.1　流式地图

图片来源：http://blogs.esri.com/esri/arcgis/2011/09/06/creating-radial-flow-maps-with-arcgis/

　　时空立方体可视化最大的特点是它可以展示出数据的空间位置与时间之间的关系。如图 5.2 所示，时空立方体可以直观地观察到数据的空间位置和时间标签，这种可视化方法极大地方便了用户分析事件发生的时间与位置信息（胡学敏 等，2019）。尽管时空立方体可视化的效果优于二维平面可视化，但在数据量较多时，依然会存在可视化线条密集杂乱的问题。

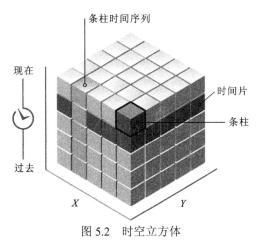

图 5.2　时空立方体

5.2.2　高维时空大数据可视化

　　随着通信、物联网等技术的发展，传感器或其他感知设备产生海量的数据，同时这些数据一般都具有多个维度和多种属性的信息，这种具有多维度的时空数据就是高维数据。高维数据已经广泛出现在许多应用领域中，比如研究生态环境的环境监测数据、水质检测数据、土壤检测数据等，城市规划管理中的区域人口数据、交通数据等基础数据，气象领域的气象数据等。高维数据往往蕴含丰富的信息，对了解现实世界提供充足的数据支撑，针对高维数据的不同特点，需要通过不同的数据可视化方法对高维时空数据进行展示和分析。

1. 降维可视化

在现实生活中，数据面临的一个巨大的问题就是数据的高维度，这会影响数据可视化的表达和分析，不容易直观地表达数据的特征及数据蕴含的信息，因此需要对高维度数据进行降维，将它转换成人们便于理解的形式。降维可视化（魏世超 等，2020）就是在较低的维度（如二维）去表达高维度的数据，从而直观地表达数据的基本情况。常见的降维可视化方法有 t-SNE（t-distributed stochastic neighbor embedding，t 分布-随机邻近嵌入）、PCA（principal component analysis，主成分分析）等方法。t-SNE 方法是目前高维数据降维效果较好的一种方法，它更关注不同数据之间的相似度和局部结构，将高维数据转换成人们便于观察的低维度数据（如二维），但这种方法也有一定的缺点，t-SNE方法的计算比较复杂，因此对大规模高维数据的降维需要大量时间。

高维可视化旨在将形式、结构复杂的高维数据通过合适的可视化方式转换成用户便于理解的信息表达形式，从而使用户可以直观地理解数据中不同维度的信息表达和探索数据的规律和特点。目前，对于高维数据已经有了大量的研究，根据可视化相关原理，可以将这些方法分为基于几何的技术、基于像素的技术、基于图标的技术等（孙扬 等，2008；Keim et al.，1996）。

基于几何的可视化技术是通过几何描述或几何投影将高维时空数据转换到低维空间，如可以用点表示数据在低维空间的某一属性，线表示在某一维度（如时间）下指定属性的变化趋势。基于几何的可视化技术有散点图、平行坐标（周志光 等，2019）、多视图协调等方法，平行坐标如图 5.3 所示。但这些方法一般只适用于数据维度多、但总体数据量不多的数据，否则多维度的大量数据会严重影响数据的可视效果。

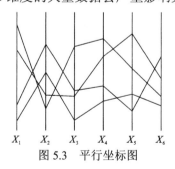

X_1 X_2 X_3 X_4 X_5 X_6
图 5.3　平行坐标图

基于像素的技术就是将数据的属性转换到屏幕的像素点，从而更好地可视化时空数据，并通过像素的排列方式去展现数据的特征。一般而言，这种可视化技术是通过时空数据的维度来进行屏幕空间的划分，然后将每个数据属性映射到每个区域上，这种技术适用于高维度和数据规模较大的情况，可以展示每个维度的数据情况而且不会发生重叠。

基于图标的技术就是将数据以图标的形式进行描述和表达（任永功，2006），可以通过图标的不同部分表示数据的不同维度，图标的不同特征表示数据的不同属性。常见的方法有 Chernoff 脸谱法、枝形图法等，对于 Chernoff 脸谱法，数据的整体可看作一张人脸，数据的不同维度可以通过鼻子、眼睛、嘴等部位表示，数据的属性可以通过这些部位的不同特征表示，比如眼的大小，这种方法可以让人以直观的印象去了解数据的主要情况和特征。

2. 渐进式可视化

高维度时空数据的可视化会对时空数据的每个维度进行分析，会消耗大量的时间，同时在实际的可视化过程中需要考虑与用户的交互，数据可视化的加载时间过长会影响用户的体验，因此需要在保证数据准确度的情况下尽可能减少用户的等待时间。渐进式可视化就是在首次可视化时不必加载全部的结果，仅加载一部分可用的可视化结果，可以让用户对这部分结果进行基本的了解和分析，并在这个分析的过程中完成其他部分的可视化，这一优先加载的部分可以是用户感兴趣的区域，也可以是可视化系统想让用户优先了解的部分。针对这部分优先加载的策略是需要关注的问题，要根据用户的实际对不同的要素赋予不同权重，也需要进一步考虑与用户的交互，从而判定数据的加载策略。

3. 层级式可视化

随着数据获取手段的发展和提高，时空数据的数据量以一种前所未有的速度进行增长，如何在显示设备上可视化海量数据成了迫切需要解决的问题。当数据量不大时，可以轻易地将所有数据通过地图或其他方式进行显示。当数据量不断扩大，这种全部加载的方式越来越难以实现，目前的技术水平无法对大规模的时空数据进行高效的可视化，极大地影响用户交互和进一步的分析。

高效、完整地加载时空数据是非常重要的，但从实际出发，用户观察大规模的时空数据时一般难以观察到完整的细节，并且根据人观察物体的特点，对较远的物体观察的细节相对较少，随着距离的拉近，所观察到的细节会不断增加，直至观察到全部的细节。细节层次（LOD）模型便是根据这一原理而产生的（姚童仙，2014），这种方法在加载大规模时空数据前，会将数据根据一定的阈值划分成不同的层次，当用户在某一条件下观察时空数据时，会根据距离计算相应的 LOD，加载相应细节层次的数据，随着用户的交互会不断计算对应的 LOD 层级，加载相应细节层级的数据，从而提高不同场景下的时空数据的加载效率。这一原理已经广泛应用于城市三维模型数据的渲染加载上，城市三维模型数据相较于传统的矢量、栅格等数据具有更加海量的数据，尤其是特定条件下需要高精度的城市三维模型数据时，LOD 就发挥了巨大的作用。在大多数情况下，用户只对部分区域进行探索和分析，因此不需要一次性全部加载所有数据，这会极大地浪费计算机资源和用户的时间，如上面 LOD 的介绍，一般对大规模时空数据会设置不同的阈值并划分不同的 LOD 层级，那根据什么条件去划分这些数据？一般而言，LOD 的划分是根据视点到模型的距离进行的，这样可以很好地适应人眼观察物体的特点，从而提高用户对数据的细节感知。

5.2.3 时空大数据三维可视化

时空大数据的三维可视化主要指三维场景如城市模型的可视化表达。随着社会的进步，人们对时空数据的表达从二维表达转变到三维表达，三维可视化相较于二维可视化给人们更直观、高度还原的真实感受。目前，人们已经不满足于常规的三维可视化表达，而是对三维场景的表达提出了更高的要求，不管是之前火热的"智慧城市"建设还是近年兴起的"数字孪生"，都充分体现了人们对现实世界的表达有了更高的需求。但不论是"智慧城市"还是"数字孪生"，城市三维模型的建设都是重中之重，但是城市模型数据一般都具有海量、异构等特点，同时受到目前通信技术和计算机技术的限制，难以实时、高效地在显示设备上加载大规模城市数据，这通常会让用户等待较长的时间从而带来不好的体验。如何实时、高效地加载时空数据已经成为目前的研究重点，基于时空数据的特点和相关问题，以下主要从数据格式、模型层次构建、可视化设计等方面进行研究。

1. 可视化数据要求

在时空数据的三维可视化表达中，由于实际对象的复杂性，通常会包括模型数据、栅格数据、矢量数据及其他数据等。特别是模型数据，模型数据是现实世界的物理对象在数字世界的三维还原，是三维可视化的重要组成部分。但目前模型数据存在格式众多、结构复杂等问题，严重阻碍了时空数据统一的三维可视化表达。因此需要设计一种统一的三维数据表示，从而更好地实现模型数据的存储与可视化，其表示需要满足以下要求。

（1）支持各类三维模型的表达，同时满足各类三维数据格式之间的相互转换。

（2）支持不同规模场景中的表达，可以通过空间索引等方法对场景中的模型数据进行组织和管理。

（3）支持三维数据的几何、纹理及属性数据的分离组织，从而更好地管理和处理数据，同时要符合客户端和 Web 端数据加载的要求。

2. 模型层次构建

对城市三维模型来说，有效地组织、构建对模型的可视化是非常重要的。由于城市场景一般是几百平方千米或几千平方千米，城市的模型数据是非常海量的，再加上目前对城市模型的高精度等要求，更是推动了城市三维模型的数据量的急剧增长。目前对城市三维模型的可视化而言,用户对模型提出的更高精度等需求无疑加剧了数据量的增长，但目前的技术水平无法实时、高效地加载大规模、高精度的城市三维模型数据，这就会增加用户的等待时间。然而，如果想要减少用户的等待时间，提高用户的体验，就需要降低城市三维模型的数据量，但不论是降低模型精度还是局部加载等方式都会降低现实世界的真实感，从而无法满足用户的实际需求。因此如何让更少量的数据展示城市三维模型给用户更真实的体验是一个非常重要的问题，针对这一问题，城市层次模型的构建将发挥巨大的作用。

层次模型是根据人观察物体的特点进行构建的，如现在应用广泛的细节层次模型，就是根据人眼观察物体远处细节层次不高，随着距离的拉近细节层次不断增加直至观察全部细节这一特点而产生的。同样，用户在不同的场景下观察城市三维模型时，在远处一般是观察城市的大致轮廓和全局信息，不会过多注重细节的表示；在交通导航时一般不会对城市模型的局部细节有很高的关注，如地图等交通软件的城市模型部分是以体块的形式展示。随着场景的变化，如距离进一步拉近时，用户的关注点也逐渐转移到局部细节上，这时候会对城市模型的细节有着更高的要求。随着距离的增加，城市三维模型的精细度不断降低，这就需要对城市三维模型进行不同程度的简化处理。城市三维模型都是由三角网格组成的，三角网格数量越多，三维模型的精细程度越高，因此对三维模型的简化实际上一般是通过误差来度量三角网格是否需要简化，如图 5.4 所示，当三维模型的三角网格的代表顶点在某一设定阈值之内，则可以对这部分顶点进行合并简化。

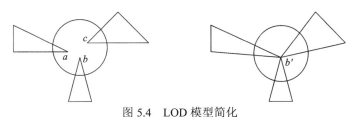

图 5.4　LOD 模型简化

在对城市三维模型进行 LOD 层级划分和简化处理后，也需要对城市三维模型进行场景的划分，从而得到城市的不同场景对应的精细度并进行针对性的加载。对于城市三维模型，一般是通过树形结构如四叉树、八叉树等对场景进行划分和组织，如图 5.5 所示。

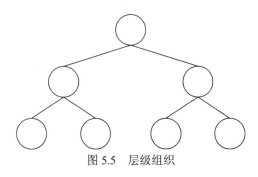

图 5.5　层级组织

3. 可视化设计

三维模型的可视化不是只局限在现实世界的高还原及渲染方面，对于高精度高还原的城市三维数据，固然可以带给用户更真实的感受，但是也会增加视觉上的信息认知和负载，难以让用户关注到城市三维模型所需要重点关注的内容，并且三维模型的投影方式也会造成一定的视觉失真，这些都不利于用户对模型的认知和分析，因此三维模型的可视化更要注重如何将模型中的信息更有效地传递给用户，如何去设计可视化表达方式，如使用地图符号设计、颜色、透明度等增强用户的感知及对重要信息或兴趣区域的引导。

在三维可视化中，相较于二维的可视化仍缺少相应的制图设计规则和标准，虽然有了一定的理论研究，如非真实渲染（non photorealistic rendering，NPR）对现实世界的抽象表达，符合现实世界人的感知要求，通过降低可视化复杂度，减少了用户的认知工作量，提高了对重点内容的显示和非几何信息的显示空间。目前许多城市模型的可视化都对真实模型和非真实渲染模型进行了一定的研究，可以将两者进行结合，并对非真实渲染模型进行颜色、大小等方面的设置，引导用户的观察，从而向用户传递更多的信息。

5.3 时空大数据可视化渲染

5.3.1 可视化渲染概述

1. 可视化渲染过程

在不考虑裁剪、调度的情况下，渲染引擎是如何将一个模型从数据转化成屏幕上的图像呢？首先，引擎需要从硬盘将模型加载到内存中，解析成相应的数据，包括几何和材质信息。然后，将数据从内存发送到图形处理单元（graphics processing unit，GPU）显存中。最后，对 GPU 发送绘制指令，GPU 将显存中的数据绘制成图像，并显示在屏幕上。

GPU 的渲染是图形可视化的重点，这一过程一般叫作图形渲染管线，主要分为应用程序阶段、几何阶段和光栅阶段，如图 5.6 所示。应用程序阶段主要就是涉及 CPU 的相关算法，比如游戏场景的相关操作、逻辑等，但 CPU 一般不处理这其中场景的渲染，而是将场景中的顶点坐标、法向量、纹理等传递给 GPU 进行进一步的操作。几何阶段就是将之前传入的顶点坐标、法向量、纹理等信息进行处理和转换，顶点坐标首先由图形的本地坐标转换到世界坐标，这一步通常是一个四阶矩阵进行转换，再由世界坐标转换成屏幕坐标，然后对这些坐标进行装配，根据图形自身的连接和逻辑关系生成描述几何的三角网格。光栅阶段就是对这些三角网格进行栅格处理，并通过像素进行填充，最后通过片段着色器进行数据处理，计算出每个栅格的颜色并输出结果。

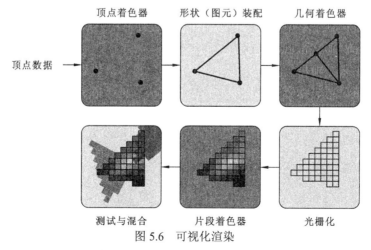

图 5.6　可视化渲染

引自：https://www.jianshu.com/p/74f9a225f642

2. OpenGL

开放式图形库（open graphics library，OpenGL）在图形的渲染、处理方面有着非常重要的地位，目前已经广泛应用于计算机辅助设计（computer aided design，CAD）、游戏开发等众多领域。OpenGL 一般被认为是图形处理的应用程序接口（API），它包含大量的图形处理和操作的函数，但实际上 OpenGL 仅是一个 Khronos 组织制订并维护的规范。

OpenGL 可以帮助相关开发者通过相应的硬件、软件开发出高还原度、高性能的三维图形渲染并进行可视化，它可以对图形的顶点、向量等数据进行处理和转换，并进行进一步的渲染操作，转换在便于显示的二维平面上，具有很高的渲染性能。OpenGL 也可以通过现代函数进行处理和开发，从而提高 OpenGL 的灵活性和效率。

3. WebGL

随着互联网的发展与进步，越来越多的应用和开发都逐渐转移到 Web 端上，而传统的 OpenGL 又难以满足新的需求，通常还需要开发专门用于 Web 端的相关插件。Web 图形库（web graphics library，WebGL）实质上就是通过 JavaScript 去实现 OpenGL 的一种图形规范，它的基本原理和规范依旧来自 OpenGL，WebGL 可以提高 Web 端的图形处理渲染速度，从而使用户可以在 Web 端便利地浏览二维或三维场景。但是随着科技的进步，计算机视觉、深度学习等领域的不断发展，WebGL 在某些领域已经难以满足相关的要求。

4. 集群管理消息分发技术

VCS 消息分发技术会提供一种数据序列化协议，该技术可以保证不同平台之间的快速消息传递和通畅的传递路径，一般会比其他消息传递方式快 30～50 倍，有着优越的即时性，而且该技术传递消息的文件量级也很小，是其他技术传递的文件的 1/10～1/3，在使用和维护中更简便，增强了系统整体的运行性能。不仅如此，VCS 消息分发技术还有一个非常重要的优点，就是可以保证同一消息新旧版本之间的兼容性。VCS 消息分发技术会将操控台的控制指令以消息的方式通过网络形成序列文件，并分发到可视化渲染运行平台中，控制可视化系统在可视化场景中实现不同的信息操作内容，如显示隐藏、图层切换、主题布局切换等内容。

5.3.2 智能化全尺度渲染

在大规模城市建筑模型的渲染过程中，通过四叉空间分割树、多细节层级建筑模型动态加载释放技术保证大规模城市海量建筑的高效率渲染。同时，通过硬件高级着色器程序，支持建筑的多种材质风格，并且可以对其中各单体建筑的显示属性进行分别控制。

基于四叉空间分割树的多级金字塔地图瓦片动态加载释放机制，支持远到外太空，近到地表建筑、装备对象的超大范围超细粒度显示能力；所有的三维对象都在统一的坐标系空间内显示，从地球全景可以平滑过渡至街道近景，无须进行画面切换；通过对显示硬件深度缓冲的特殊处理及对空间虚拟摄像机的科学管理，解决了在超大视距范围下一般三维可视化系统通常出现的深度冲突导致相邻三维对象互相干扰而引起的闪烁问题；同时，通过可视化渲染机的硬件高级双精度浮点数显示运算能力及系统内置的先进去误差算法，支持太阳系空间范围内的精准定位，在显示从地表到外太空任意位置的装备模型特写时,不会出现其他类似仿真或可视化系统中由浮点数坐标精度不足导致模型、文字、图标抖动等情况。对大规模城市的全尺度渲染可以表达不同尺度下的城市状态，有助于城市管理者进一步了解和管理城市。

三维空间体数据是时空数据的重要组成部分，可以通过矩形传感器、圆形传感器、瓜瓣体传感器等传感器进行获取。对电磁场信号强度等三维空间体积数据的渲染，如图 5.7 所示，通过可视化渲染机的硬件体积纹理和可编程像素处理器功能，将光线投射体积渲染算法交由显示硬件执行,充分利用显示硬件单指令流多数据流的并行渲染能力，以及高速纹理访问能力，使立体渲染得到极大的加速，从而保证对海量三维栅格体素数据进行渲染的效率。同时，利用显示硬件可编程特性，可实现体数据的颜色映射表、颜色和透明度阈值等属性的实时设置和调整。

图 5.7　电磁效果渲染

5.3.3　分布式渲染

分布式渲染技术是对大规模的计算或渲染任务进行分散化处理，从而使每台设备的渲染任务相较于之前有了明显的下降，从而提高实际的渲染速度。分布式渲染可以通过局域网将一定区域的设备连接起来，然后对需要渲染的任务进行处理，转换成许多比较分散的任务到每台设备上，从而实现大规模的渲染，可以实时高效地进行显示和处理。分布式渲染主要的技术包括帧同步技术和分屏技术。

帧同步技术：在通过分布式渲染处理渲染任务时，将任务分散到不同的设备节点上，理论上每台设备的性能、带宽是一致的，从而达到很好的协同处理效果，但实际上各台设备自身的性能、负载不一致，因此在实际渲染过程中很难做到同步和进一步的处理，这就会给分布式渲染带来一定的阻碍，必须针对这一实际问题制订一套有效的方案去控制每台设备的渲染处理时间。首先在服务器上通过传输控制协议（transmission control protocol，TCP）发送相关的同步信息，然后每台设备在接收到同步信息后进行渲染处理，但是在前后端缓存区交换前需发送一个完成信息给服务器，表明当前渲染任务已经完成。当服务器收到所有的分布式设备的反馈信息后，审核确定当前的渲染任务已经完成，则发送下一条指令信息去开始下一阶段的渲染任务。在实际的过程中，服务器与渲染设备之间进行传输的信息都含有指定的序号编码，从而保证渲染过程的容错控制和及时反馈。

分屏技术：分屏技术就是将实际渲染任务的场景进行分割处理，将整个场景通过规定的分屏要求进行处理，这一部分是通过计算调整相关的投影变换矩阵去实现的，然后将分屏后的各个场景分配到不同的渲染设备，每台设备只处理所分配的目标场景。

5.3.4 集群协同渲染

当不同的渲染机完成分布式渲染任务后，可以进一步提高渲染任务的处理速度。同时为了更好地对不同渲染机的渲染任务进行管理，需要将不同的渲染机通过相关平台加入集群中，从而可以管理每台渲染机的显示计算和渲染，如图 5.8 所示。位于中央的显示设备可以自由地管理每一台渲染机的内容，也可以在其他渲染机上进行输出，从而达到协同一致的效果，提高整体的使用体验。

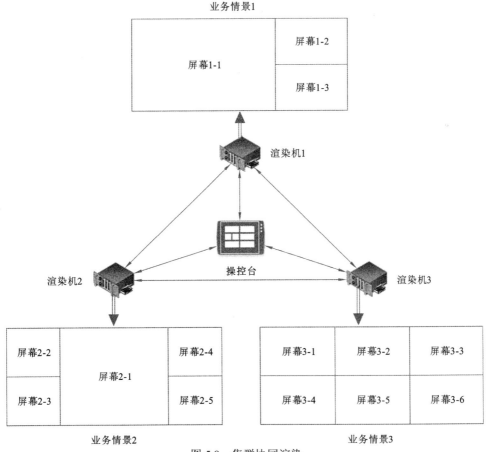

图 5.8　集群协同渲染

图 5.8 所示的一个可视化渲染集群中，包括的硬件设备数量规格如下。

（1）渲染机 3 台、操控台（平板电脑）1 台。

（2）高清大屏幕，物理分辨率每块 1920×1080，有 3 列、2 行，共 6 块。

首先，通过可视化运行平台将 3 台渲染机和 1 台操控台组成集群。在业务情景 1 中，使用 4 块 1920×1080 大屏幕组成一个 4K（3 840×2 160 分辨率）的超大屏幕，再加上 2 块原始屏幕，组成 3 块屏幕的输出，通过渲染机 1 进行输出。使用同样的方法，组成不同屏幕布局的业务情景 2 和业务情景 3，使用渲染机 2 和渲染机 3 进行输出。

在操控台上，可以通过简单操作使大屏幕在不同的业务情景（可视化主题）中进行切换，每个业务情景中的屏幕进行分布式渲染运算。利用这样的特性，每个业务情景都能够达到非常优异的现实性能和现实效果，每个业务情景之间的切换也可以在瞬间完成。

5.3.5　关键技术

1. 基于对等网络的渲染机自发现与自组网技术

可视化渲染运行平台为同一局域网中多台渲染主机之间提供了基础通信服务，使局域网中多台主机间互相可以顺畅地进行通信，并提供节点间共用信息的托管功能，如图 5.9 所示。所谓共用信息是指涉及集群所有节点的信息，如各节点的屏幕信息、集群中有多少个节点主机等，可以通过可视化运行平台获取共用信息。此外，可视化运行平台还提供了在指定节点上启动程序、退出程序的功能。

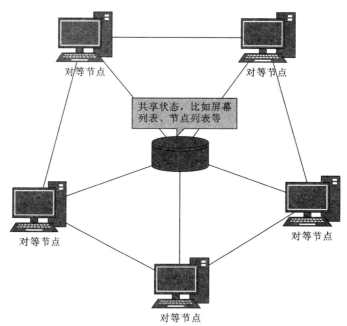

图 5.9　基于对等网络的自发现与自组网

集群中的每台设备都没有严格的开启管理顺序，每台设备都可以看作整个对等网络的一部分，处于平等地位，当可视化系统开启时，每台设备都会去自动找到同一局域网的其他设备，然后加入集群中。

可视化渲染运行平台内建了多套消息框架，包括发送一对一消息、发送一对多消息、广播消息等，实现可视化组件渲染系统在不同节点间同步、发送消息。同时，基于分布式对象同步技术，可以进一步提升可视化组件渲染运行效率，面向对象的实体，在某一个节点中存在，就会被自动同步到集群内的其他节点，任何节点修改了这个实体某些变量或者集合，也会被自动同步到集群内的其他节点。

2. 大屏矩阵集成控制技术

可视化集成技术就是对不同的显示设备通过场景和空间矩阵的计算，对场景的不同拼接进行集成处理，并结合虚拟现实技术进行全方位、多视角的显示，可以很好地感知目标场景的态势。

该技术通过内置软件对矩阵、拼控设备的控制支持，结合高度逼真的图像渲染，实现可视化系统的强大显示性能。

可视化集成拼控技术是将一个或多个综合可视化系统软件进行组合，组合后的多个综合可视化系统软件可以通过各自内置的网络协同组件进行消息同步，从而形成可以支撑超大分辨率、多屏幕输出的并行渲染显示体系。

5.4 面向虚拟地球的时空大数据绘制

科技的发展和进步，给时空大数据的获取带来了极大的便利，但是也同样面临海量时空数据的处理问题，尤其是时空大数据的可视化绘制，受到计算机技术和网络传输技术的限制，难以对这些海量的时空大数据进行实时传输与绘制，极大地影响时空大数据的可视化效果。时空数据主要由模型数据及表示电磁信号、空气等的场数据组成，针对时空数据可视化面临的问题，如何更高效地对这些时空数据进行绘制，这对时空数据的表达是非常重要的。

5.4.1 面向虚拟地球的模型数据绘制

时空数据获取技术的进步，提供了不同维度、层次丰富的场景数据，但同时也带来了海量数据、多源异构等模型数据可视化面临的问题，并且受目前计算机技术和网络传输技术的发展限制，无法对海量的模型数据进行实时传输和加载。目前，对于海量数据的实时传输加载问题，主要是从模型数据的组织和处理方面进行解决，旨在不影响人眼视觉的前提下对模型数据进行场景组织和划分，并借助一些模型可视化处理方法，形成对大规模的模型数据的多层次、多分辨率的加载传输，进一步提高模型数据的实时传输与加载性能。首先，模型数据面临的重要问题就是模型的格式，许多数据厂商对数据形成了自己专属的数据格式，如 fbx、obj、3ds 等数据格式，并且有的模型数据仅能在特定的软件上进行可视化，这非常阻碍模型数据的传输共享及可视化，因此在模型数据可视化前需要形成一个统一的数据格式，从而来整合不同数据来源的模型数据。目前比较通用的三维数据格式有 3D Tiles、I3S、CityGML 等，这些数据充分考虑了模型数据的几何、属性特点及语义信息，并通过相应的数据组织方法对不同的数据进行组织。对于 3D Tiles 数据格式，它对模型数据表示的场景进行划分，如四叉树、八叉树、KD 树（k-dimensional tree）等数据组织方法，形成许多的小场景并通过空间节点去组织管理。LOD 技术根据人眼视觉远处模糊、精度不高到近处各种精度高、细节详细的特点，可以在保证不影响模型视觉效果的前提下，在距离较远的时候对模型数据进行简化，从而提高模型数据的绘制效率。因此可以对模型数据进行不同的层次划分，形成不同的 LOD 层级，然后通过计算屏幕空间误差确定不同的 LOD 层级，实现多分辨率、多层次的模型加载。在实际的渲染绘制过程中，通常会出现遮挡或其他人眼无法观测的地方，为了减少不必要的消耗，可以对当前视线无法观察的物体进行剔除，以提高实时渲染性能。基于以上分析，可实现大规模场景模型数据的绘制框架，如图 5.10 所示。

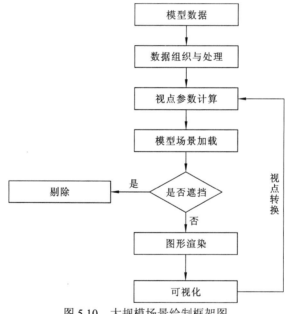

图 5.10　大规模场景绘制框架图

1. 模型数据组织与处理

在模型数据可视化前需要对模型数据进行组织与处理，包括统一数据格式、场景划分、LOD 层级、模型数据处理等。一般可使用 3D Tiles 格式流式传输模型数据，通过不同的数据结构（如八叉树、KD 树等）对数据进行场景划分，通过空间索引实现大规模数据的模拟分析，常见的数据结构如图 5.11 所示。

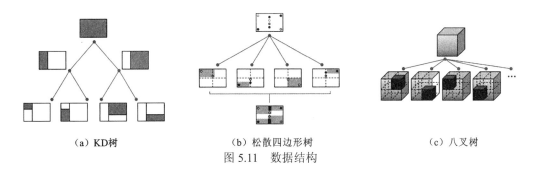

| （a）KD树 | （b）松散四边形树 | （c）八叉树 |

图 5.11　数据结构

为了更好地对模型数据进行渲染，一般会对模型数据进行 LOD 层级划分，如图 5.12 所示，让用户可以在不同的情况下观察不同细节程度的模型，进一步提高大规模模型的实时传输与渲染绘制。LOD 的划分及分块阈值的选择非常重要，LOD 层级过少，则单层级 LOD 数据量会增大导致加载时间变长，LOD 层级过多，会频繁请求服务器影响加载，因此需要根据模型数据的实际情况对 LOD 进行划分。

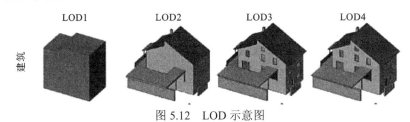

图 5.12　LOD 示意图

图片来源：https://new.qq.com/omn/20210127/20210127A0AZ3P00.html

2. 视点参数计算

在对模型数据进行 LOD 层级划分后，在实际渲染过程中就需要通过计算不同视点的屏幕空间误差（screen space error，SSE）去判断不同的 LOD 层级，从而准确加载相应的 LOD 层级模型。屏幕空间误差是计算机图形图像学领域中用来描述计算机绘制的近似几何模型与理想数学模型之间近似程度的一种度量误差，结合屏幕空间误差和 LOD，从而可以通过计算不同视点的屏幕空间误差来确定模型数据的加载顺序和加载情况。在一般情况下，初始加载模型数据时会加载较低 LOD 层级的模型数据，当切换视点后，会计算当前视点的屏幕空间误差，判断切换后的视点所对应的 LOD 层级然后进行加载。

5.4.2　面向虚拟地球的场数据绘制

三维场数据是时空数据的重要组成部分，三维场数据的可视化对理解地理环境的空间特征有着重要的作用，如对气象数据的可视化可为台风等强对流天气的监测提供丰富的信息，以提高对气象数据的认知和理解。近年来随着数据获取技术的提升，时空数据量也有了巨大的增长，针对这些数据的可视化也有了更高的要求。

对于大规模的三维场数据，由于计算机内存容量有限，无法进行一次性渲染，在三维场数据渲染前进行分块划分，处理成计算机能够加载的数据，并对格式复杂的数据（如气象数据的 db 格式，难以在 Web 环境下解析和表达）进行转换，以便于三位场数据在 Web 环境下的可视化表达与分析。体绘制中的光线投射算法具有表达数据全面、成图质量高的特点，因此对三维场数据的绘制采取光线投射算法，但这种算法因需要对所有像素进行颜色值和透明值的融合计算，绘制过程较长，需要将 GPU 技术应用其中以提高绘制效率。考虑三维场数据的地理特征，需要构建考虑地球曲率的球面代理几何体去进一步表达空间地理特征。考虑传统体绘制先要绘制全部子块后进行判断，存在一定的局限性，可以在子块绘制过程中动态地将每个子块进行融合，从而可以较好地提前终止绘制，避免不必要的子块绘制。基于以上三维场数据的分析，可以得到对三维场数据的时空数据绘制框架（陈宇萍，2021），如图 5.13 所示。

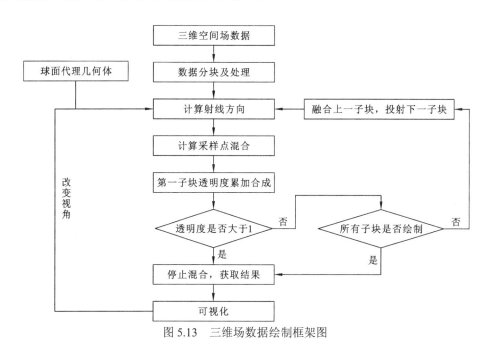

图 5.13　三维场数据绘制框架图

1. 基于 GPU 的场数据分块

由于计算机内存容量有限，对大规模数据进行渲染时无法一次性全部加载，需要将场数据进行分块，分块的目的是将大规模数据处理成计算机内存及纹理能够加载的数据，实现大规模场数据的绘制。

数据划分是将数据分解为固定尺寸的小数据块，并按线性结构存储。划分的基本思想是根据计算机体系结构的显存和纹理尺寸大小选择分块尺寸。数据分块的原则是将数据划分为许多小的子块，子块的大小不得大于分块数据最大值。由于显卡仅支持 2 的幂次方的纹理形式，数据块的大小 (X, Y, Z) 满足纹理形式 $(2i, 2j, 2k)$。其中，分块大小 $X \cdot Y \cdot Z$ 的块元素，分块总数为 N，针对容量显存 V，纹理尺寸 S 限定条件见式（5.1）。

$$\begin{cases} X \cdot Y \cdot Z \leqslant S, \\ N \cdot X \cdot Y \cdot Z \leqslant V, \end{cases} \quad X, Y, Z > 0 \tag{5.1}$$

针对不同数据规模及计算机实现环境求解以上模型，可以求得最大分块大小 $X \cdot Y \cdot Z$。

2. 基于块间的动态加速绘制

传统的分块体绘制通过光线投射提前终止算法对它进行加速，然而加速并未达到最优。在绘制过程中，传统分块体绘制算法需要完全绘制出所有子块结果存于帧缓冲，而后在混合所有子块时再采用光线投射终止算法，若在分块绘制第一子块或光线未穿透某一子块体数据时便已达到光线投射提前终止条件，则其他的子块绘制无效，这将导致绘制效率降低。针对该问题，考虑光线行进单条光线穿透过程中，各个子块体数据的相关性，在子块内实现光线提前终止采样。在分块绘制过程中考虑块间相关性，可在某一块体数据绘制时根据光线提前终止算法加速绘制，不需得到所有子块绘制结果，并且在一定程度上使表达结果更为精确。

在分块绘制采样合成过程中，绘制第一个子块数据，绘制完成后将该子块绘制结果存于帧缓冲，若透明度大于 1 则终止绘制，否则继续绘制下一子块。绘制下一子块合成第一个采样点时，检索帧缓冲上一子块绘制结果，将该结果作为此次采样点合成的起始颜色值和透明度，每混合一个采样点判断是否达到光线提前终止条件，实现在某一子块内终止采样，达到加速目的。

5.5 时空大数据可视化分析框架

各类传感器、通信、物联网等技术的发展，推动着时空数据朝着多样化、便捷化、多尺度化、语义化等方向发展。生活无时无刻不在产生各种类型的时空数据，时空数据描述现实世界的各种信息，如几何信息、语义信息、属性信息、演化信息等，这些数据描述的不同的对象之间蕴含着大量的时空关系，反映出不同对象在时间和空间上的变化和演化特征，有助于城市规划管理、资源环境、气象等领域的研究和发展。但是时空数据具有海量、多源性、多尺度、多语义等特点，这进一步阻碍了时空数据的分析和表达，因此对时空数据构建合理、有效的时空关系，并直观地表达时空数据的时空关系是非常重要的。多视图协同可视化框架是在分析时空关系的基础上，从时间、事件、关系三个视角对时空数据进行可视化，并且三种视角互相协同显示，从而可以更直观地了解时空数据之间的时空关系。

5.5.1 时空关系表示

在对时空数据进行可视化之前，首先需要确定用户想要了解的时空事件，如想要分析某一路段时速在 40 km 到 60 km 之间的车辆轨迹信息，应先找到目标时空事件的关系并进行进一步的分析和可视化（李金磊 等，2019）。时空关系是指一个对象或多个对象及对象所处时空背景的元素在时间和空间上产生的关系，主要是时空事件之间及时空事件与时空背景之间的关系，对两种主要的时空关系的描述如式（5.2）和式（5.3）所示，多视图协同可视化框架主要也是从这两个方面来描述时空关系。

（1）事件之间的时空关系。事件 1（E_1）和事件 2（E_2）时空关系的一般定义为

$$R_{(E_1,E_2)} = \{\Delta S, \Delta T, A\} \qquad (5.2)$$

式中：ΔS 为 E_1 与 E_2 之间的空间关系；ΔT 为 E_1 与 E_2 之间的时间关系；A 为 E_1 与 E_2 的属性信息。

（2）事件及背景之间的时空关系。事件（E_1）及其背景（C_1）之间的关系会随着空间位置或背景要素的改变而发生变化。事件及背景之间时空关系的一般定义为

$$R_{(E_1,C_1)} = \{\Delta S, \Delta T, A\} \qquad (5.3)$$

式中：ΔS 为事件及背景间的空间关系；ΔT 为事件及背景间的时间关系；A 为事件的属性信息。

5.5.2 多视图协同可视化框架

多视图协同可视化框架主要分为时空事件提取和可视化，如图 5.14 所示，首先需要明确关注的时空事件，将其定义为需要提取的时空事件，然后设置相应的约束条件，从时空数据中提取时空事件和时空关系。随后就需要对时空事件及时空关系进行可视化，以便更好地对时空数据进行分析。多视图协同可视化通过地图视图、时间视图和关系视图从不同方面展示和分析时空数据，并根据用户的实际需要，设定相应的约束条件，选择感兴趣的时空事件和关系。

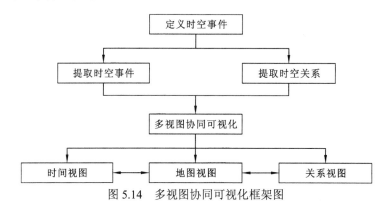

图 5.14 多视图协同可视化框架图

在可视化框架中，地图视图使用流型图（flow map）技术，用户选择的时空事件通过点的形式进行描述和可视化，例如用户选择的时空事件是出租车的停车事件，那就可以根据要求得到符合用户选择的对象及停车情况，然后利用玫瑰图进一步表示时空事件的位置及周期性特征，如图 5.15 所示。

时间视图通过线性图和日历图表示时空事件的统计信息和周期性信息。如线形图和日历图可以表达出租车在某一时段或地区停车事件的统计信息和周期信息，从而很直观地看出出租车的停车趋势和主要时间。

关系视图由力导向图和矩阵图组成。其中，力导向图可使用户有效地探索重要区域中事件间的关系，在避免节点重叠的同时保持顶点的相对位置，根据实时状态自动完成较好的聚类，方便看出事件之间的亲疏关系。此外，由于事件数量庞大，配合矩阵图可以清晰表达整体间的关系信息。

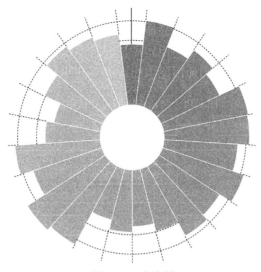

图 5.15 玫瑰图

参 考 文 献

陈莉, 焦李成, 2005. 基于自适应聚类的数据预处理算法 I. 计算机应用与软件(3): 28-29, 47.

陈宇萍, 2021. 面向虚拟地球的大规模气象体数据可视化. 武汉: 中国地质大学(武汉).

崔迪, 郭小燕, 陈为, 2017. 大数据可视化的挑战与最新进展. 计算机应用, 37(7): 2044-2049, 2056.

胡学敏, 余进, 邓重阳, 等, 2019. 基于时空立方体的人群异常行为检测与定位. 武汉大学学报(信息科学版)(10): 1530-1537.

黄青云, 2019. 时空数据可视化分析方法及应用研究. 北京: 北方工业大学.

李金磊, 慈谕瑶, 郑坤, 等, 2019. 面向地理信息大数据的时空事件关系可视化分析框架. 测绘通报(12): 101-104.

刘一鸣, 2018. 基于 WebGL 的高维时空数据可视化研究. 北京: 北京邮电大学.

任永功, 2006. 面向聚类的数据可视化方法及相关技术研究. 沈阳: 东北大学.

孙扬, 封孝生, 唐九阳, 等, 2008. 多维可视化技术综述. 计算机科学, 35(11): 1-7.

魏世超, 李歆, 张宜弛, 等, 2020. 基于 E-t-SNE 的混合属性数据降维可视化方法. 计算机工程与应用, 56(6): 66-72.

肖振涛, 2018. 我国智慧警务建设的实践与思考: 以"大智移云"技术为背景. 中国刑警学院学报(6): 69-73.

杨伟涛, 杨康才, 杨思凌, 等, 2021. 智慧警务 5G+初探. 警察技术(2): 8-12.

姚童仙, 2014. LOD 模型简化算法的研究与实现. 兰州: 兰州交通大学.

张传浩, 胡传平, 2019. 智慧警务视域下的人工智能安全问题研究. 铁道警察学院学报, 29(6): 103-108.

周志光, 余佳珺, 郭智勇, 等, 2019. 平行坐标轴动态排列的地理空间多维数据可视分析. 中国图象图形学报, 24(6): 956-968.

朱庆, 付萧, 2017. 多模态时空大数据可视分析方法综述. 测绘学报, 46(10): 1672-1677.

KEIM D A, KRIEGEL H P, 1996. Visualization techniques for mining large databases. IEEE Transactions on Knowledge and Data Engineering, 8(6): 923-938.

TOBLER W R, 2013. Experiments in migration mapping by computer. The American Cartographer, 14(2): 155-163.

ZHENG K, GU D P, FANG F L, et al., 2017. Visualization of spatio-temporal relations in movement event using multiview. XLII-2W7: 1469-1476.

第6章 天空地一体化时空大数据平台
构建与应用

　　天空地一体化时空大数据平台作为实现感知数据、公共专题数据、业务专题数据及互联网数据的关联、融合，并接入多类型行业应用数据，进行资源整合、数据与服务共享共治、时空大数据实时计算和分析、协同应用及可视化展示的时空大数据平台，如何进行平台应用架构和功能设计是关键。本章将从平台应用架构数据出发，然后进行安全设计，完善数据协同保障，设计功能架构，最终构建天空地一体化时空大数据应用平台。

6.1　平台应用架构

　　时空大数据平台可为性质不同、组织架构不同的各类政府部门、企事业单位、社会公共服务机构等提供全面应用的基础支撑服务，为目标用户实现时空数据服务、时空数据接口服务、各种基础功能服务、专题专业服务和计算存储服务，各需求部门还可针对应用系统的实际需要，结合自身的信息化建设程度，通过与平台对接，选择需要的时空大数据服务并集成到应用中，不造成时空大数据资源的重复建设，让各需求部门专心于业务需求应用的开发，从而充分发挥时空大数据平台的支撑作用。综合分析各级政府部门系统，应用架构的应用层业务范围发生改变，但基本框架大同小异。

　　时空大数据平台应用框架是基于感知数据、历史数据等各类数据进行数据共享服务，在服务层之上的由业务系统构成的应用层。在建设过程中，通过新建缺少的业务系统，整合已有的业务系统，形成全业务应用，提供不同应用权限的时空大数据平台供不同使用者使用，如图6.1所示。

6.1.1　网络架构

　　为了实现跨部门、跨地区、跨平台的数据共享共治，网络建设是时空大数据平台建设的重要部分。基于数字城市地理框架现有网络和环境的时空大数据平台网络架构设计，在云计算技术的支持下，利用多台物理服务器进行存储资源和计算资源的共享共建，实现建设虚拟服务器的目的，在不同的虚拟服务器上部署业务系统所需的环境和业务系统，使虚拟服务器非物理隔离而是逻辑隔离。用户的业务需求有增加时，并不需要增加新的硬件，服务器管理员可以直接在物理服务器上创建一个虚拟机，并对虚拟机分配业务需

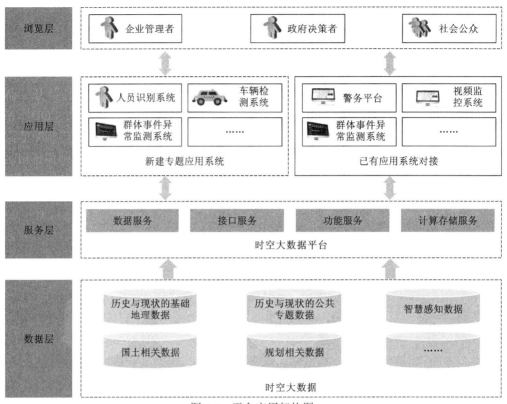

图 6.1　平台应用架构图

求申请的硬件资源。管理员可以快速选择虚拟服务器模板，并进行操作系统的安装，用户在新的虚拟机服务器上部署新的业务系统并上线使用。当业务资源可回收再利用时，迅速回收冗余资源，释放硬件资源并提供给下一个业务需求资源申请。云计算的灵活可扩展性为业务系统提供了一个安全可靠的硬件环境，满足了业务系统的计算资源需求和存储资源需求。物理服务器利用高速通信网络，基于易扩展的集群架构建设大数据中心计算机资源系统，具体而言，就是将大数据中心从网络和硬件两个方面来进行部署划分，分成4个逻辑区域：时空大数据交换前置区、时空大数据生产区、时空大数据管理区及隔离区（demilitarized zone，DMZ）。时空大数据中心将依托数据资源目录服务系统和共享交换平台，结合数据共享交换区域建设时空大数据交换前置区，在此区域内进行时空大数据的共享与交换。时空大数据管理区是对数据的汇聚、整理与管理，不仅有对时空大数据中的地图数据进行切片和管理，也有对文档、视频等数据的归档和管理，在DMZ将经过脱密处理的各类数据服务提供给公众等需求方。时空大数据平台具体网络架构见图6.2。

时空大数据平台采用双活存储架构，在存储设备的配置上兼顾时空基础数据和业务数据的多源异构性，不仅支持文件存储服务，还支持块存储服务。从物理服务器、高速网络、存储到链路等硬件设备，都采用冗余设计，达到高可靠性物理层的目标。

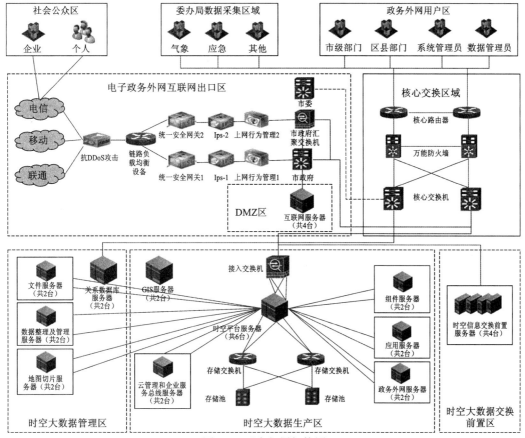

图 6.2　平台部署架构图

GIS：geographic information system，地理信息系统

DDoS：distributed denial of service，分布式拒绝服务

6.1.2　平台依赖关系

时空大数据平台基于支撑的云环境进行大数据的存储、集成、管理，提供给外部系统接口或者建设示范应用最后集成至各门户网站，平台依赖关系如图 6.3 所示。

（1）时空大数据平台的资源环境是基于云环境的，结合虚拟化服务器技术生成的支撑云环境。

（2）在支撑云环境的硬件资源下，时空大数据平台建设有数据汇聚与时空大数据中心，数据共享的服务引擎集成时空大数据与数据服务管理的时空大数据平台，根据业务需求建设应用系统和业务门户。

（3）时空大数据中心与时空大数据平台的数据交换是依靠数据服务引擎完成的。

（4）综合执法管理、警务平台、异常研判平台等应用系统的时空大数据基础服务既能直接调用时空大数据平台的时空数据服务和数据功能服务，也能与时空大数据平台的二次开发接口对接，使业务功能可以快速开发并与应用模块高效集成。

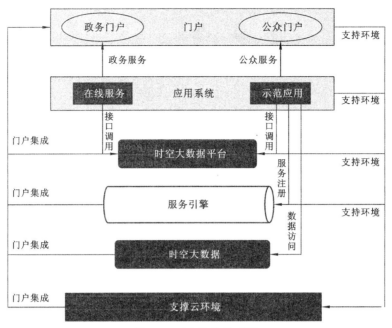

图 6.3 平台依赖关系图

6.1.3 平台安全架构

基于云环境的大数据平台，因其特殊性，需重新设计和构建平台的安全架构。参照国家政务网和系统安全的相关法律法规、行业标准和文件，从多角度、多粒度、立体的架构要求出发，构建时空大数据平台的安全体系，达到用户需求的计算机等级保护，最终实现平台安全。平台不仅从硬环境的网络、系统和数据方面进行安全设计，还从软环境着手，制订了全面的安全管理办法和运维管理体系。平台运行安全设计如图 6.4 所示。

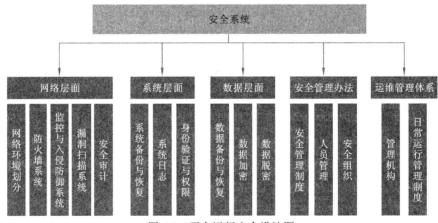

图 6.4 平台运行安全设计图

网络安全设计首先从网络环境入手，结合业务内网环境的保密性和互联网环境的公开性，对网络环境进行划分，网络之间的信息交换均在交换区进行。设置多层结构的防火墙系统，将防火墙功能分散至不同的主机上，变化设计防御策略，提供更高的安全性。建立监控与入侵防御系统，不仅监控用户行为，还监控是否有外来危险入侵，及时发现并防御危险。利用漏洞扫描系统对时空大数据平台进行漏洞扫描，发现并处理平台漏洞。定期对时空大数据平台进行安全审计，保障网络安全控制体系的可靠性。

系统安全设计从系统的备份、系统日志和身份权限三个方面进行。为避免因计算机故障导致数据的丢失或者平台停止运行，平台的容灾备份必不可少，定期对平台进行备份，以备异常时随时恢复；对平台的运行、用户的操作均进行记录，形成系统日志，达到"溯源"的作用；设置身份验证和用户权限，控制用户的操作范围，以保证安全性。

数据安全是平台安全架构的重点之一，从数据的备份、脱密、加密三个方面保障数据安全。数据备份与恢复是应对计算机故障、网络波动导致数据缺失的重要措施之一；保密环境下的数据需要脱密之后才能与其他网络环境进行信息交换，做到"非脱密数据不交换"；在数据的传输过程中，需要进行数据加密，防止信息泄露。

制度的保障更能从基础上进行安全保障，制度保障由安全管理办法和运维管理体系组成，其中安全管理办法包括安全管理制度、人员管理、安全组织，运维管理体系包括管理机构和日常运行管理制度。

6.2 数据协同保障

由于集成的数据资源呈现出容量大、增速快、时空多维性、多尺度与多粒度、多元异构等特点，对平台共享共治数据的稳定性提出更高的要求。基于微服务的分布式系统架构能更好地承受组件、网络、计算资源等故障或者意外故障带来的系统稳定问题。即使遇到故障，系统也具有弹性。基于微服务的架构是将任务分解为更小的部分，以便可以承受应用程序的各个部分失败而不会影响整个系统。将应用程序分解成一组互相独立的细粒度服务，此方式带来了开发和部署的独立性与敏捷性，但也带来了新的挑战。因为微服务需要依靠网络进行服务通信，而网络不是一直可靠，在这种模式下，服务通信会因为网络的不稳定性导致服务通信失败。由此可见，基于微服务方式的应用系统，如何提高在波动网络上的服务通信性能是提升从故障中恢复和维持功能的能力的关键。因此，通过基于微服务的容器化部署和基于容器的服务编排可以减少交互故障，并确保系统稳定。

6.2.1 基于微服务的容器化部署

在时空大数据协同过程中，根据应用情况需要对多个系统进行数据虚拟整合并提供基础数据服务和存档数据共享服务。在云的时代，系统通过服务接口完成集成，在技术上表现为对微服务和容器的大量使用。这一新的模式虽然显示出在系统集成时的敏捷性、可移植性等巨大优势，但也为系统交付和系统运维带来了全新的挑战，系统被拆分成狭窄的细粒度服务，并运行在独立的容器中，如何解决细粒度服务之间的依赖管理、服务主动发现、资源管理、服务高可用性等问题是亟须解决的问题。因此，基于容器及微服务的编排技术应运而生。

在容器环境中，以 Docker 容器及容器编排器（kubernetes，K8S）为例，编排通常涉及三个方面。

资源编排：负责资源的管理和分配，如限制各服务调用的可用资源，并针对资源管理进行不同的调度策略。

工作负载编排：负责资源共享的工作负载管理，如 K8S 通过不同的控制器将资源调度到合适的工作组件上，并且负责管理从开始、运行到结束的生命周期。

服务编排：负责服务的主动发现和服务的高可用性等，如 K8S 中可通过服务接口管理对内暴露系统的全部服务，通过进入管理对外暴露可提供的服务。

基于 Docker 容器及 K8S 实现适用于时空大数据的服务编排技术。由于容器轻量化的特点，同时具有虚拟机的进程隔离、文件系统独立等特点（单朋荣，2020），可以保障应用在本地和云端部署环境的一致性。容器主要依赖于 Cgroups、Rootfs 和 Namespace 三种 Linux 系统的底层技术。

Cgroup 技术：全称为 Linux Control Group，对 Linux 操作系统中表示容器独立文件系统的目录进行资源控制，可控制资源包括 CPU、内存、磁盘和网络带宽等，同时，可以对容器进行审计和挂起操作。

Rootfs 技术：根文件系统，又叫作容器镜像。通过 Mount Namespace 挂载在 Linux 操作系统上，包含应用运行所必需的配置和文件目录。通过 Rootfs 技术，容器镜像文件可以实现一次打包，处处运行。

Namespace 技术：为容器内的进程单独命名建立的空间，容器内和容器外的进程相互看不到进程内部的真实情况。具体实现方式是在容器内启动一个 Initial 初始化进程，当初始化工作完成后，此进程会成为该 Namespace 的 1 号进程，并且与容器同生命周期。

在 Linux 操作系统层面，容器就是一个单独的进程，在容器内执行的其他操作，都成为 1 号进程的子进程，其进程编号在容器内单独维护。

Docker 容器就是通过 Mount Namespace 技术封装应用运行所依赖的系统文件，为容器进程提供一个隔离的文件系统。

另外，Rootfs 不包含 Linux 操作系统内容，而是共用一个宿主机的内核，因此具有轻量化的特点，同时具有可复制、可移植的优点。

最后，Docker 容器镜像还有一个重要的特性，就是分层机制，如图 6.5 所示。

Docker 容器镜像的"分层"机制是通过 Union FS（Turnbull，2015）功能实现的，通过将不同文件目录下的文件挂载到公共的目录下，实现统一的文件视图。镜像每一层的实现都有一个对应的 Dockerfile（Saraswathi et al.，2015；张宏亮，2015）的标准"原语"，同时，分层的机制使得镜像的获取和上传效率，以及不同层文件共享的效率具有重大意义。

Pod 是 K8S 中最小的调度单位，通过管理一组具有"超亲密"关系的容器组来完成容器间的资源管理、调度和进程组协作。"超亲密"关系包括：容器间直接的文件交换；使用 localhost 或者 Socket 的容器间通信；容器之间频繁的远程方法调用关系；共享 Linux Namespace、Network 和 Volume 等资源的多个容器；微服务架构中，需要代理和被代理的容器等。

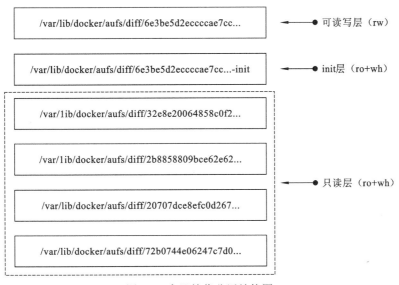

图 6.5　容器镜像分层结构图

rw：read write，读写；ro：read only，只读；wh：write out，写出

Pod 中的容器共用一个网络空间，如图 6.6 所示，它是通过初始化容器 Infra Container 管理的共享网络空间来实现的，其他容器只需要加入 Infra Container 网络空间，即可加入共享网络，它们便拥有了相同的网络视图。

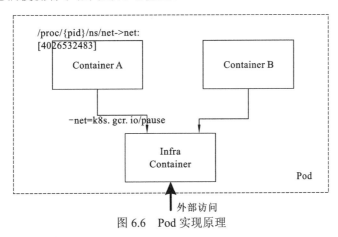

图 6.6　Pod 实现原理

总体来看，Pod 的设计中只留下必需的隔离、限制能力，模拟出具备传统虚拟机管理器的类似效果，然后再借助 K8S 的资源组织能力，迁移到云平台。

Pod 的实现中还具备了"资源描述"的特点。它将用户期望的应用最终状态描述成 API 对象，然后由 API Server 执行一些标准化流程，以及调度和存储的过程。

6.2.2　基于容器的服务编排

容器的服务编排以 K8S 的 Pod 为单位，依赖于 K8S 的 API 聚合能力。K8S 中关于服务编排的核心概念如下。

1. 资源关系概念

（1）Pod。单一的容器不能表达进程之间的协作关系，不能与辅助性服务治理进程绑定工作。K8S 引入 Pod 的概念，表示对一组容器或进程的抽象。K8S 通过 Pod 结合 Job、Cron Job 等资源对象，实现对各类应用的描述，同时可以定义容器间的关系和形态。

（2）Service。Pod 之间除访问关系以外，在此过程中需要授权、认证等信息来对访问进行验证。为了表达这种关系，K8S 引入了 Service 的概念，用于描述平台级的功能。Service 将 Pod 提供的服务通过一个固定的网络地址对外暴露，并且通过 Service 控制器等组件对 Pod 的 IP 地址、端口等信息进行自动更新和维护。

2. 资源控制器

资源控制器 Deployment 是 K8S 中控制器中最基本的资源对象，通过声明式 API 的形式，配合控制器进行工作。图 6.7 所示是用户提交的一个 YAML 文件，用于声明 API，主要包括控制器定义和被控对象两个部分，其中，控制器定义主要描述的是"期望"的被控制对象，而被控制对象就是 Pod。除此以外，调度、授权、认证、注入控制等信息都是自动添加。Deployment 的控制器与 Pod 的中间还有一层 ReplicaSet 的副本控制器的概念，用于版本控制、滚动升级。

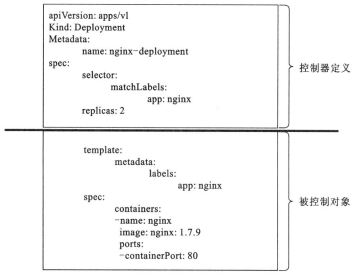

图 6.7　Deployment 控制器 YAML 文件组成结构

3. 动态存储机制

K8S 为某些应用的数据持久化存储提供了一种动态的存储机制，引入持久卷（persistent volume，PV）、持久卷申领（persistent volume claim，PVC）的概念。基础的 PV 和 PVC 需要手工创建，在集群规模较大时，K8S 一般采用集成开源分布式存储 Ceph 作为存储解决方案，可以自动化的方式生成 PV 并进行绑定。该方案通过 K8S 的 Dynamic Provisioning 机制集成 Ceph，只需要使用 PVC，即可动态、持久化使用存储数据。

4. 容器架构

服务编排系统采用 C/S 架构,两者通过 RESTful API 进行通信。各模块之间采用松耦合设计。

各模块的关系如图 6.8 所示。通过模块之间的协作,最终让所有容器运行在同一个 Linux 内核环境下。

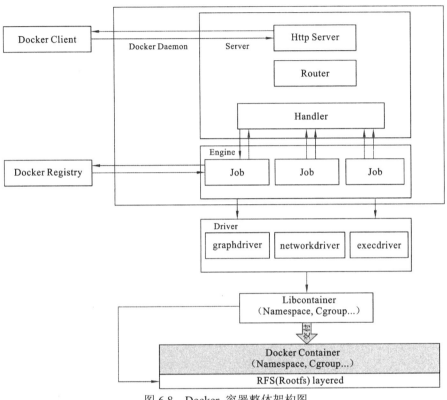

图 6.8　Docker 容器整体架构图

(1) Docker Client 负责与 Docker 的守护进程建立通信,管理容器等用户请求均通过 Docker Client 发送给 Docker 守护进程。

(2) Docker Registry:容器镜像存储仓库,用于镜像搜索、上传和下载。

(3) Docker Daemon:由 Server 和 Engine 两部分组成,是整个容器架构的核心,作为守护进程运行。①Server:用于接收 Docker Client 的请求,然后进行路由和分发调度,调用对应的 Handler。②Engine:Docker 的运行引擎,通过调用不同的 Job 来管理容器,也是 Docker 容器的存储仓库。③Job:Engine 的最基础任务执行单元,具有几种不同的类型,每种类型表示 Docker 需要完成的任务。

(4) Driver:驱动模块,完成对 Docker 容器的创建、开启、关闭等管理操作及动态信息的获取,比如 Graph 的存储管理与记录等操作。Driver 大致可分为三类:graphdriver、networkdriver 和 execdriver,功能分别如下。①graphdriver:包括对容器镜像的管理、文件系统管理等操作。②networkdriver:支撑 Docker 容器运行网络配置的组件。③execdriver:

包含管理容器生命周期的相关操作。

（5）Libcontainer：对内直接访问内核中容器相关接口，对外为上层系统提供对容器的管理接口。

最终，各个模块之间进行协作，形成 Docker Container。同时，用户对容器进行管理时，会新建一个 Docker Client，向 Docker Container 发送执行，上述模块合并在一起，完成用户指定指令的执行过程。

5. 编排系统

编排系统（图 6.9）以 K8S 为基础，是一个 Server-Client 架构，其中 Server 端包括 Master 管控节点和 Node 计算节点。

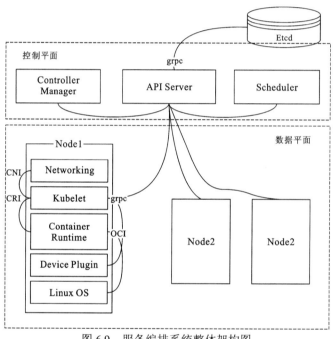

图 6.9　服务编排系统整体架构图

1）Master 管理节点

Master 管理节点是 K8S 的控制平面，主要包括 API Server、Controller Manager、Scheduler 和 Etcd 等组件。

（1）API Server：用于存储 API 资源对象，实现声明式 API，负责在客户端和各组件之间传递消息。

声明式 API 定义了大规模集群中各种任务的依赖关系，以及不同任务类型的运行形态。声明式 API 使用户可以根据系统规则，按照自己的意愿自动化地处理容器的各种关系。任务依赖关系包括：Sevice、Secret 和 Horizontal Pod Autoscaler（HPA）等；资源"运行形态"抽象包括：Pod、Job、Deployment 和 Statefulset 等。

（2）Controller Manager：集群控制器，由一组不同的组件管理不同的编排功能，主要包括：Deployment Controller、Replica Set Controller、Job、Volume 和 Podautoscaler 等组件。组件遵循 K8S 项目通用的"控制循环（control loop）"编排模式。

（3）Scheduler：调度组件，执行既定的调度策略，以 Pod 为单位，调度到某个计算节点上，并将信息记录在 Etcd 中。

（4）Etcd：K8S 集群的自带存储组件，负责各类资源状态信息的存储和维护。

2）Node 节点

Node 是具体执行 Pod 创建、销毁等生命周期流程的组件，主要包括 Kubelet、Kube-proxy 和 Container Runtime 及信道状态信息（channel state information，CSI）等各类组件和接口。

Kubelet：主要负责和 API Server 通信，将获取到的内部各组件的信息汇总到 API Server。同时，根据获取的信息指令，协调内部组件，真正完成容器及 Pod 的具体操作及管理维护。

对 Pod 的调度可以分为预选（predicates）和优选（priorities）两个阶段。预选阶段选出 Pod 的候选节点，即能满足 Pod 资源需求的工作节点；优选阶段对候选节点进行打分，根据评分决定工作节点的优先顺序。

（1）预选阶段收集以下硬性指标进行工作节点选取：Pod 端口检测、Pod 资源满足性检测、磁盘冲突检测、选择器检测和主机检测；只有当所有检测都满足要求时，才可成为候选工作节点。

（2）优选阶段一般使用两种默认的评分策略进行评分：最少请求优先（least requested priority，LRP）调度策略和最小相同服务扩展优先（service spreading priority，SSP）调度策略。K8S 默认采用两者的加权和（默认权重为 1∶1，可调整）作为工作节点的优先级评分，得分越高，优先级越高。

LRP 和 SSP 计算过程如式（6.1）、式（6.2）所示。

$$F_{\mathrm{LRP}} = \left(\frac{\mathrm{Sum(requested_{cpu})}}{\mathrm{Capacity_{cpu}}} + \frac{\mathrm{Sum(requested_{memory})}}{\mathrm{Capacity_{cpumemory}}} \right) \times 5 \quad (6.1)$$

$$F_{\mathrm{SSP}} = \left(\frac{\mathrm{maxCount\text{-}counts[minion.Name]}}{\mathrm{maxCount}} \right) \times 10 \quad (6.2)$$

式中：F_{LRP} 为节点 LRP 得分；Sum（requested_cpu）为当前节点所有的 Pod 的 CPU 资源的 Request 总值；Capacity_cpu 为当前节点的 CPU 资源总值；F_{SSP} 为 SSP 得分；maxCount 为该服务使用的 Pod 总数；counts[minion.Name]为当前节点上属于该服务的 Pod 数量。

两者结合的目标是 Pod 最终的调度达到服务高可用和流量负载均衡。除了默认策略，用户还能选择 K8S 提供的其他策略如：最多请求优先（most requested priority，MSP）调度策略、镜像本地化策略和资源负载均衡分配策略，或者自定义策略。

资源调度，也就是资源弹性伸缩策略，包括水平控制和垂直控制两个方面。

（1）水平控制。Kubernetes 具备一种动态水平伸缩机制：Pod 水平自动伸缩（horizontal pod autoscaling，HPA），依据 Pod 当前资源（如 CPU、存储空间、网络带宽等）的使用情况自动调整容器副本数量。当 Pod 的负载达到预设阈值后，HPA 会依据智能扩充/缩减容量的动态策略调度创建新的 Pod，用来减少 Pod 的压力。当 Pod 的负载低于预设阈值后，则会自动减少 Pod 的总运行数量。

首先 HPA 控制器从 API Server 获取 Pod 运行的性能指标，然后计算出目标 Pod 需要的副本数量，再根据计算结果触发扩容或缩容操作。计算过程参照式（6.3）。

$$\text{desireReplicas} = \text{ceil}\left[\text{currentReplicas} \cdot \frac{\text{currenMetricValue}}{\text{desireMetricValue}}\right] \tag{6.3}$$

式中：desiredReplicas 为目标 Pod 需要运行的容器副本数量；currentReplicas 为当前运行的容器副本数量；currentMetricValue 为当前资源量；desiredMetricValue 为期望的资源量；ceil[]为向上取整。若 desiredMetricValue 大于 currentMetricValue 则进行扩容操作，若小于则进行缩容操作。

（2）垂直控制。不同于水平控制，垂直控制并不是一个动态过程，在 Pod 前进行配置。控制分为两个方面，资源请求（requests）和资源限制（limits）。其中资源请求表示 Pod 需要分配的计算资源的最小值。资源限制则表示 Pod 最多能够占用的计算资源量，只有节点资源满足在两个值的区间内，Pod 才能分配到该节点，否则就不能调度到该节点，或者从该节点被驱逐。

6.3　平台功能架构

平台主要依托海量数据分布式存储与实时处理技术，实现针对多源异构数据的分布式存储、计算功能及服务接口，快速整合和管理结构化、半结构化、非结构化等各类数据，支持对各类原生信息进行全文检索，支持构建新的大数据业务应用系统，支持统一的大数据集群管理和工作负荷优化调度。通过海量数据存储库，实现结构化数据和非结构化文件存储列存，提供文本文件等非结构化文件的存储和处理，面向数据库应用，提供分布式数据库存储能力。

天空地一体化时空大数据平台涵盖数据从接入、获取到失效的全生命周期的功能结构。平台接入卫星遥感影像等基础数据、公共管理的公共数据、各类传感器产生的监测数据、满足业务需求的特色数据，将所有数据利用数据适配引擎进行数据处理、整合、存储，进而建立各种专题数据库；在专题数据库之上向各应用系统提供基础数据服务，基础数据服务包含原始数据服务、检索分析服务、计算服务、分析挖掘服务等数据服务；基于数据服务还向各应用系统提供基础数据应用，包括时空大数据检索、时空大数据计算、时空大数据渲染，最后将各类应用集成至各业务系统，从数据源的接入、融合、服务到应用构成时空大数据平台。时空大数据平台功能架构见图 6.10。

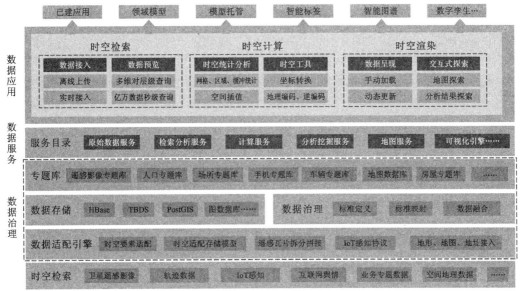

图 6.10 时空大数据平台功能结构图

HBase：一个分布式的、面向列的开源数据库；TBDS：Tencent big data suite，腾讯大数据处理套件；PostGIS：对象-关系型数据库管理系统；IoT：internet of things，物联网

6.4 数 据 融 合

数据融合模块通过建立符合时空数据特性的索引、模型，对遥感、感知、轨迹、地理等数据进行数据接入和存储，构建时空专题库。数据融合过程支持对离线数据的上传导入、对实时数据的流式接入，支持对文件服务器的连接及本地文件的导入功能；数据接入后可以通过时空数据转换引擎对数据进行统一的时空化转换，转换的同时将自动基于内置模型构建检索并存储到对应底层数据库中，包括 HBase、PostgreSQL 等时空数据库。数据融合功能结构见图 6.11。

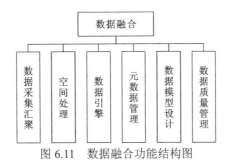

图 6.11 数据融合功能结构图

6.4.1 数据采集汇聚

数据采集汇聚主要通过多源数据采集治理技术实现，其功能系统组成包括三个引擎：数据采集引擎、数据接入引擎和数据预处理引擎，通过以上引擎将结构化数据、非

结构化数据（视频）采集接入大数据中心。各引擎详细功能如下。

1. 数据采集引擎

（1）实时推送组件。根据业务工作需要，将实时产生的业务数据实时推送到大数据中心。

（2）批量同步组件。通过文件的方式定时批量地同步到大数据中心，支持稳定、可控、可回溯的数据同步。

（3）主动上报组件。根据实际业务需求，通过定制开发相关特殊采集程序，使用特定手段植入目标对象设备，抽取需要的信息。

（4）智能抓取组件。根据业务需求，针对视频数据采集源，在前端部署数据前置节点，按照特定要求抓取特定场所特定时段的视频。

2. 数据接入引擎

（1）数据库接入组件。对于数据库类型数据源，支持常见数据库类型（如关系型数据库、文件系统或其他架构）的数据采集接入，支持对数据库数据的批量采集和增量采集。通过数据库接入引擎，不仅可以把外部数据库的数据导入大数据平台中，还可以把大数据平台中的数据导出到外部数据库中。

（2）文本数据接入组件。对于文本类数据源，提供文件传输协议（file transfer protocol，FTP）或 WebService 接口服务，根据业务需求情况，定时或实时读取保存在各种文件系统，例如：本地文件系统、网络文件系统（network file system，NFS）、FTP、Hadoop 分布式文件系统（hadoop distributed file system，HDFS）中的数据文件（文本文件、EXCEL 文件）。针对扫描录入的文件，按照预先配置的规则进行读取解析。针对处理过的文件，进行选择性删除或转存，在解析过程中出现错误的文件，及时提示用户并在一定时间内予以保留。

（3）流数据接入组件。对于流数据源，根据实时性处理要求，可提供直接接入处理引擎或缓存处理等方式。流数据源包括电信网络的流量数据、卡口视频数据、通话语音等流式数据，以及通联日志等标准格式的文件数据。对于实时性要求高的流数据，可直接接入流数据处理引擎中处理；对于实时性要求不高的流数据，可先进行缓存，待达到触发条件时（时间或者条数）再进行处理。

（4）页面录入组件。对于某些特殊来源的业务数据，一些敏感数据由用户直接掌握。平台提供数据采集功能，支持对常见的数据文件（CSV/EXCEL）的全量和增量上传功能，通过前端界面进行表元数据的修改选取功能，从而生成数据存储模块中的一张表，并通过任务调度系统调度导入任务的全量和增量执行。

3. 数据预处理引擎

数据预处理针对数据缓存库中的数据进行提取转换操作，不对原始数据源产生任何影响。数据预处理引擎根据动态配置规则对数据进行比对、筛选过滤、去除重复、格式标准化、关联和标注等，主要包括数据提取、数据清洗、数据关联、数据比对、数据标识等组件。

1）数据提取组件

数据提取是利用获取的数据取得有价值信息，对采集的数据运用标准的格式转换规则进行初步的格式转换。按照符合国家、部委或者行业的数据标准和格式转换规则，对数据进行简单整理和标准化格式处理，不仅针对结构化数据，还包括非结构化数据，对数据的格式进行转换和对数据加载方式进行统一。

结构化数据格式转换根据国家标准、部颁标准及相应的行业标准等，对数据进行转换，用来提高数据的规范性，主要包括数据标准转换、全半角转换、字母格式转换、代码字典转换等；非结构化数据格式及预处理依据业务工作的需要，主要包括编码转换、建立索引等；数据加载方式主要包括时间戳方式、日志方式、全数据比对方式、数据删除插入方式 4 种方式，根据实际需要选择相应的加载方式。

2）数据清洗组件

数据清洗是将采集的数据进行标准化，以及按照业务需要转换为共享数据结构的过程。数据清洗组件主要包括数据补缺、数据判定、数据去重等，用来解决数据完整性、唯一性、合法性等数据质量问题。

数据补缺是对空数据、缺漏数据进行数据的查漏补缺操作，用来保障数据的完整性；数据判定依据规则来处理数据，以进行合法性检查；数据去重是根据各业务数据要求对指定接入数据集设定不同的去重规则，删除重复记录。

3）数据关联组件

数据关联从基础资源区中提取出人、事、地、物、组织对象的数据要素，建立不同数据源要素的联系，形成基础信息资源库。对接入的不同数据资源，通过共同数据字段进行关联归并，例如：以身份证号为关联字段，对常住人口库、婚姻登记、工商登记、宾馆住宿、火车票等数据进行关联；将海量上网数据信息与接入账号、单位等关联，实现数据的补全或延展，方便网上网下信息落地。根据业务工作和应用的需要，数据管理员可以通过手动增加数据表、修改字段、删除记录等操作进行数据关联。

4）数据比对组件

数据比对根据比对规则对接入数据中的同类字段进行比对，数据比对可以利用内存数据库计算速度快的优点，根据用户配置规则进行数据比对，同时设置预警机制以实现数据比对，是目标预警功能的重要支撑，主要包括结构化数据比对、非结构化数据比对。

结构化数据比对根据需要比对的数据范围，从海量数据中提取出数据，在内存中过滤海量数据，将符合要求的数据存入结果数据库中，可以支持任意数据项目之间的比对。非结构化数据比对包括文本比对、图片/视音频等二进制比对。文本比对通过关键词比对实现，用户可设定关键词规则进行文档内容比对，主要包括文本文档、电子邮件、短信内容等，支持"并""或"等逻辑表达式的规则；图片/视音频比对通过专用程序实现，例如人像比对程序，大数据中心可以调用专用程序接口，从而实现图片/视音频比对。

5）数据标识组件

数据标识根据标识规则对接入的数据设置不同的标识信息，对数据进行标签化处理，通过标签实现对数据的快速索引，以便于用户访问，包括系统预设标签规则、用户自定义标签两种标签方式。系统预设标签规则根据业务工作知识经验，提供预置标签，主要包括数据敏感级别标签、语种标签、区域位置标签等；用户自定义标签可根据应用需要，设置自定义标签，包括标签名称、种类、样式、说明等。

数据标识组件可根据数据类型和应用需求设置标签范围，包括全局标签和案例标签。全局标签是在整个大数据中心业务应用系统中都可以应用的标签，系统预置标签是全局标签，用户自定义标签须经过标签管理机制审核同意后才能成为全局标签；案例标签是在开展某项大数据分析任务时建立的标签，用户自定义标签默认是基于案例的标签，用户可以将一个案例的标签导出，然后导入另一个案例中使用。

6.4.2 空间处理

1. 数据格式的统一与规范化

对不同类型数据按照统一的要求和规范进行转换。对空间数据的转换有含拓扑信息数据和无拓扑信息数据两种，对于图形数据，无论自身是否有拓扑关系，均建立统一标准的拓扑关系。对规范化处理后的空间数据要进行合并、接边，并检查数据的属性表格中的属性的完整性和一致性，对丢失的属性自动依据空间位置进行属性赋值。

数据转换是利用国家制定的数据标准或规范对空间数据进行分类与转换，以达到对空间数据统一数据格式的目的。在空间数据转换过程中，不仅要进行简单的数据格式转换和对空间图形数据建立拓扑关联关系，还应进行数据符号的替换、对空间数据的属性信息加以提取并按照空间位置自动进行赋值。

数据转换程序可以达到以下目的。

（1）数据规范化处理：数据转换是对数据统一标准格式最有效的解决办法，是数据导入标准数据库不可或缺的一个步骤，转换数据能做到转换前和转换后的数据条数一致且属性内容不丢失，即为无损转换，因此能确保整理的数据和数据库中的数据相对应。

（2）保证空间数据的坐标系一致：将原有的空间数据统一转换至 CGCS2000 坐标系中，使数据拼接能做到套合、无缝的效果。

（3）空间数据精度：各平台的数据结构不尽相同，一般的数据管理平台都有限制单个数据文件大小，但是实际情况中，源数据文件比较大，通过数据转换程序将转换文件在平台后台分解，在前端仍显示为完整文件，解决限制问题并将误差精度控制在合理范围。

（4）分层细化：数据转换不但可以将源数据按照分层分类规则转换至不同的目标图层，还可以按照平台数据库的标准将各类数据的属性结构进行转换，使数据更加方便快速地规范化转换。

（5）数据初步检查：部分数据的生产整理是通过人工方式进行的，在生产过程中可能会有误操作导致数据有错误，数据转换程序解压及时发现数据生产整理后不符合数据规则的异常数据，并将异常数据列举出来，从而实现数据初步检查。

数据转换程序操作可以通过自动化处理，降低人工处理错误的可能性，提高处理效率。不仅可以减少数据处理工作量，缩短数据处理时间，还能将数据处理的误差率降低，能实现数据处理"又快又好"的目标。

2. 坐标转换

为了确保数据统一与规范化，使用用户单位提供的坐标转换相关资料和工具，对不符合平台统一坐标的空间数据进行坐标系转换。

3. 一致性处理

当有数据更新时，自动展示更新数据，将原数据变为历史数据进行存档。

4. 空间化

1）匹配上图

空间数据使用时空大数据平台的空间地址匹配工具，进行批量自动匹配上图。在空间匹配过程中，将空间数据与标准地址库的标准地址进行地址匹配，标准地址数据与空间数据的匹配度最高的数据的地址信息传递给空间数据，完成空间数据上图。用户可以核对和编辑空间数据的地址信息，并将修改返回至空间地址匹配工具，完善修正空间地址匹配工具。

2）标绘上图

对于无法进行空间地址匹配的数据，借助平台标绘功能，通过在地图上标绘点、线、面，将标绘的地址信息导入数据库中，完成数据的空间坐标录入。

5. 数据扩充

当前大量数据都与时间、空间有紧密联系，但是因为缺少空间属性而没有办法直接与空间数据进行配套使用，没办法直接进行空间可视化分析。为了使非空间数据能在地图上使用，可以借助地名地址匹配工具增加非空间数据的空间坐标。已有地名地址数据可以增加自然村以上的行政地名，建立市级、县级、镇级和行政村级四级区划单元，丰富各类兴趣点名。

6. 数据整理

为了使时空数据能被通用化使用，需要对它按照时空数据规范进行数据整理，以实现时空数据的标准化。数据整理工作具体有：图形数据的拓扑加工、遥感影像数据的拼接处理和属性归一化处理等，通过数据处理流程后，确保现实世界的客观实体能用数据完整地表达。

7. 数据质量的监测与报告

根据平台工程特点，必须按照《数字测绘成果质量检查与验收》（GB/T 18316—2008）的有关规定，对平台所包含的时空大数据建库工作成果开展质量检查，主要质量检查的元素：空间参考系、位置精度、属性精度、完整性、逻辑一致性、时间精度、表征质量和附件质量等。时空大数据建库成果质量检查项和检查内容参照《数字测绘成果质量检查与验收》（GB/T 18316—2008）的质量评价体系。

6.4.3 数据引擎

时空大数据平台将构建全空间信息模型，实现地上、地下、室内、室外、虚实空间的时空大数据一体化管理，有效解决非关系数据库在时空大数据管理中存在的存储与访问上的效能不足，难以适应高速、多并发、数据量大的实时性需求等相关问题，并发挥非关系数据库的空间特性优点。数据引擎支撑云端服务系统，支持用户在线实时调取现有的时空大数据中的数据。

时空大数据平台将建立时空大数据的数据引擎，以保障时空大数据的高速、多并发访问，同时进行高效数据分析、数据处理及大数据量一体化管控。

1. 时空大数据库引擎

时空大数据平台中涉及大量的时空数据，主要为结构化数据，针对大量的时空数据，数据引擎应优先考虑构建基于关系型数据库的时空大数据库引擎，这将成为时空大数据存储和管理的基本支持条件。

时空大数据库引擎技术，是在一般大数据库管理之上增加一个时空数据库系统的引擎技术，以实现一般大数据库系统管理能力之上的时空数据存取与管理的功能，是介于一般大数据库和时空数据库的中间件产品，为客户建立了使用时空大数据库的统一系统接口。

建成的时空大数据库引擎将具有突出的技术特色，如多数据源管理功能、图形拓扑一致性和属性数据一体化存放、高速且多并发存取功能（包含读取和写入）、完备的存取权限管理和安全管理机制等。

2. 时空大数据全流程引擎

时空大数据库引擎为结构化的时空大数据奠定了存储和管理基石，但时空大数据平台中不仅包含结构化的时空大数据，也包含了大量的半结构化、非结构化（文本、图像、音频等格式的数据）的时空大数据，这些都是时空大数据平台构建中最关键的数据源，为此，时空大数据平台拟构建时空大数据全流程引擎，来实现各结构类型的时空大数据的整合存储与一体化控制管理，并解决时空大数据所面临的存储和使用效率不足的难题，以适应高速、多并发、大数据量下的实时性需求。时空大数据全流程引擎如图6.12所示。

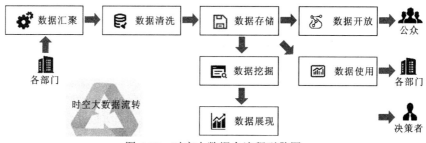

图6.12　时空大数据全流程引擎图

3. 全空间信息模型

（1）实现地上地下融合。时空大数据中地上时空的数据包含地形数据、预处理后的遥感影像、大规模的城市三维模型数据和倾斜影像数据等，可以通过时空大数据库引擎+Oracle的方法实现数据处理与管理；地下时空的数据主要为管线数据，包含管线探测点的定位信息和管道属性信息，相互之间利用要素 ID 实现联系与传递。地上地下时空的数据还包括大量的二维、三维数据。依托与时空大数据库引擎的存储支持，以及时空大数据平台对三维数据的强大支持功能，可以实现对地上地下时空中大量数据来源的有效查询调度、数据分析表达和一体化控制管理。

（2）支持室内室外环境一体化。时空大数据中室内时空的数据主要分为室内空间实时定位信息和室内传感器即时感知的物联网信息，如室内空气品质、室内光照强度、室内温湿度等数据；室外空间的数据则主要分为卫星导航位置信息和户外传感器即时感知的物联网信息。室内室外空间的数据涉及大数据量的即时感知数据。时空大数据平台的时空事件处理器，可对室内室外的实时数据流进行有效接入、管理和输出；并且，输入输出模块支持各种通用格式，在输出后能迅速实现空间数据的可视化表达，从而可以实现对室内室外空间的海量实时数据进行有效的一体化控制管理。

（3）支持虚实一体化。虚实一体化指的是通过把虚拟场景数据与现实场景数据进行融合存储，并在统一场景进行分析表达，以实现一体化控制管理。时空大数据中虚拟场景的数据资源有大规模城市三维模型、精细的重点关注目标仿真模型数据和二维底图数据；现实场景的数据资源主要是增强的实景影像数据。

综上所述，虚实空间中的数据资源主要包括海量的三维模型数据和高分实景影像。时空大数据平台为二维、三维数据和高清实景影像提供了强大的数据融合能力，二维、三维数据和实景影像可在系统中同时加载展示，以实现虚实一体化管理。

6.4.4 元数据管理

元数据管理系统是数据管理平台的重要组成部分，为统一指标术语理解、数据质量管理、日常运行维护、数据安全管理和业务应用提供基础能力支持。

元数据管理模块体系结构主要有以下 4 层。

（1）元数据获得层。元数据获得层通常处于整个系统架构的最底层，元数据获得层抽象并总结了元数据获得的所有方法。业务与管理元数据一般以手动方式获得，时空大数据库元数据、分布式云平台元数据等，大多以自动方式获取。

（2）元数据存储层。存储层规定了元数据存储时应遵循的元模型，并规定了从获得层得到的各种元数据的属性条件和存储格式条件，包含业务元数据、服务元数据和管理元数据。核心元模型对系统的关键元数据对象做出了模型界定和规范，并制订核心元模型参照表。

（3）元数据功能层。元数据功能层为元数据使用提供了最基础的技术支持，包含元数据类型定义、元数据插入、元数据修改、元数据保存、元数据备份、元数据扫描、元数据检索、元数据版本、权限管理及查询、元数据导入/导出等部分。

（4）元数据应用层。元数据应用层通过调用功能层的元数据服务接口，实现元数据应用操作，包括时空大数据血缘分析、时空大数据影响分析、模型相似分析。时空大数据血缘分析是通过建立时空大数据血缘关系，添加标签，然后利用标签进行智能化分析。时空大数据影响分析是从某一实体入手，以找出影响该实体发展的处理过程实体或其他实体。该分析可以帮助用户在某个实体改变后或需调整之前，估计它的影响范围。时空大数据影响分析功能的研究范围、数据分析结果，以及影响数据分析精确度要与时空大数据血缘分析功能的相关规则规定保存一致。模型相似分析功能基于研究时空大数据模型中字段对时空大数据元素的引用情况，以及研究分析时空大数据资源中结构或者形式相似的数据模型，为时空大数据模型的内容优化处理和应用提供保障。

数据模型相似度的定义：数据模型 A 与数据模型 B 的相似度 = 数据模型 A 与数据模型 B 的相同字段数量/数据模型 A 的字段总数；数据模型 B 与数据模型 A 的相似度 = 数据模型 B 与数据模型 A 的相同字段数量/数据模型 B 的字段总数。其中数据模型 A 与数据模型 B 的相同字段，是指引用了同一个数据元素的字段。

下面对元数据功能层内容进行阐述。

1. 元数据类型定义

针对大数据平台中的各类数据资源，提供相应的元数据信息，并可通过标准接口快速查询各类数据资源的元数据，便于上层应用和业务人员使用。元数据类型主要包括用户元数据、HDFS 元数据、数据库元数据、数据表元数据、字段元数据及索引元数据等。

2. 元数据添加

根据大数据平台中的数据资源增加情况，提供针对该数据资源的元数据添加功能，主要包括元数据注册和元数据声明两种方式。其中：元数据注册方式是在大数据平台先建立数据表，再在数据管理平台注册，实现对数据资源的管理；元数据声明方式同时创建元数据和对应的数据表，包括表名，描述信息，创建者，创建时间，所属库，表内字段，表内增、删、改、查权限，删除表权限，字段名，字段描述信息，字段类型，默认值，是否为空，用户访问权限等。

3. 元数据备份

元数据是描述数据资源的重要信息，平台提供元数据的热备份机制，以及定期备份支持，以防止因丢失元数据导致大数据集群不能正常工作。大数据平台的元数据管理模块提供元数据备份与导入功能，元数据存储于关系型数据库中，能够定期导出元数据信息，并转移到其他安全介质进行备份。当元数据管理系统中的元数据失效时，可以将备份信息导入系统中，并从最近备份点恢复。

4. 元数据维护

元数据维护包括元数据的定义、变更及版本管理，对机器资源信息、时空大数据库信息、用户信息、业务规则信息、加工逻辑等进行维护和管控。

元数据异常信息观察：通过对异常规则的配置，系统自动监测出异常的信息分类；

展现出异常信息的分布情况和异常分类情况，以及异常明细情况。

5. 元数据扫描

元数据扫描支持以手动或定时的方式扫描指定的数据资源，并提取和解析相关的信息，在比较扫描数据和原有数据的差异后自动将差异数据维护到指定的元数据目录。

元数据变更时间轴以时间线条的形式提供元数据变更信息记录，将元数据的变更情况以更为直观的形式体现。同时，变更内容描述支持对变更元数据的链接分析，查看变更元数据的具体变更情况。

6. 元数据检索

在元数据管理页，用户输入关键字后，系统采用全文检索的方式迅速查找和关键字匹配的权限范围内的元数据信息，并将信息返回给用户。用户能够通过展示的路径信息快速定位到元数据组织树上的节点。

7. 元数据版本管理

版本管理分为元数据对象版本管理与基线版本管理两种类型。

元数据对象版本管理：对元数据的每次提交形成版本（上一版本形成历史版本），提供历史版本间、历史版本与当前版本对比功能。

基线版本管理：对某一阶段产生的元数据对象生成数据集，提供不同阶段产生的数据集的版本比较。

8. 权限管理及查询（系统管理）

统一实现元数据库的访问和操作管控，对用户进行角色权限、对象权限、数据权限等方面的管控和查询。

9. 元数据的导入/导出

在系统层面实现元数据的导入/导出功能，以保证数据模型、数据对象能够灵活地迁移，支持模型间的检查和比对，以便于数据模型的维护和扩展。

6.4.5 数据模型设计

数据模型设计通过自顶向下和自底向上相结合的方式进行（张偲，2017），参考业界标杆、成熟模型，以实际需求为出发点，先建立概念模型，再在概念模型的基础上细化设计逻辑模型。

1. 概念模型设计

概念模型是一个具有抽象特征的高层次、粗粒度宏观业务模型，可以用来定义核心的业务概念实体及各概念实体间的关系，最经典的表达方式是"实体-关系"图，因此在概念模型设计中最关键的就是要表达出实体与实体的关系。概念模型设计常用的设计方法或者技巧如下。

抽象和继承设计方法：例如将 A 类重点人员、A 类重点群体抽象出一个 A 类群体实体，将人员、群体的共同属性放在 A 类群体实体中，将 A 类重点人员、A 类重点群体独有属性放在自身的实体中。

多对多关系设计方法：例如防区和摄像头之间是多对多的关系，一个防区会拥有多个摄像头实例，一个摄像头实例有一个管理防区，也可以有一个归属防区，归属防区和管理防区可能不是同一对象，这个多对多的关系就以一个"摄像头归属关系"实体的形式存在。

概念模型的最高层设计是对象域的划分，而对象域是概念模型所针对的某一业务重点关注领域或关注焦点，同一个域内的实体间有着高度内聚性，而不同域的实体间则有着较低的耦合度。域的引入有助于建立模型框架的整体视图。根据业务划分及近年来数据增长的特征，域分为五大对象域和一个关系域：人员对象域、物品对象域、事件对象域、地址对象域、组织对象域和对象关系域。

2. 逻辑模型设计

逻辑模型是概念模型的扩展、分解与细化，以描述概念间的逻辑次序关系，是一个属于思维概念层面上的模型。因此，在逻辑模型中一方面展示了实体、实体之间的性质及实体间的联系，另一方面也把继承、实体之间关系中的引用内容，放在更具体的关系中加以表达。

综合考虑数据与业务的支撑关系，进行逻辑模型设计。采用第三范式（third normal form，3NF）进行设计，做到数据冗余最小。采用反规范化冗余设计，快速支持数据访问和应用开发。

6.4.6 数据质量管理

根据现代质量管理观点，数据质量管理是一种过程而不是结果。数据资源的数据质量，必须在对数据资源进行整体规划、设计、建设、维护的过程中体现并完成。

数据质量管理是一项长期的、反复的工作，由质量验证、质量修正、质量监控三个环节相互促进，如图 6.13 所示。

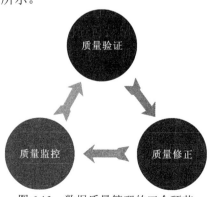

图 6.13　数据质量管理的三个环节

根据以往经验总结，数据质量管理内容包括信息问题、技术问题、流程问题、管理问题四类数据质量问题，如图 6.14 所示。信息问题指基于对数据本身的描述理解及计量准则错误所产生的数据质量问题。造成这些数据质量问题的因素主要包括：元数据描述和处理问题、数据度量的各种特性不能确定及变化的不正确等。技术问题主要指基于具体数据处理的各个处理环节的错误产生的数据质量问题，出现的直接根源在于技术实现的一些问题。数据质量问题的形成过程主要涉及数据产生、数据收集、数据传输、数据加载、数据应用、数据保护等方面。流程问题是指由业务系统工作流程和人工作业流程中涉及错误导致的数据质量问题，主要来源于系统数据的产生流程、传输流程、加载流程、应用流程、保护流程及稽核流程等各个流程。管理问题是指由人员素质和管理机制层面的原因导致的数据质量问题，如员工管理、职业培训和激励等层面的方法措施造成的管理制度漏洞。

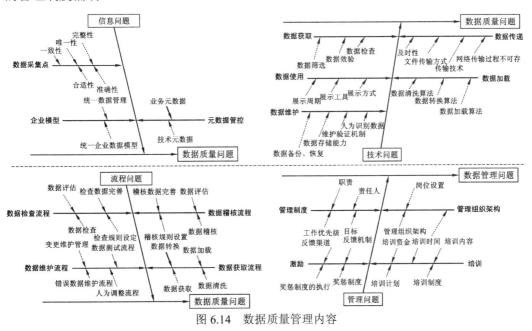

图 6.14　数据质量管理内容

数据质量管理的功能结构主要分为三层：采集层、存储层和功能层，如图 6.15 所示。

图 6.15　数据质量管理功能结构图

采集层主要实现数据的采集功能。数据质量采集模块负责采集所需的源系统和业务应用系统监控数据，它是数据质量管理功能和应用的基础。采集的数据范围包括接口信息、基础编码信息、业务应用系统数据处理过程信息、Hadoop 数据和业务指标数据等。

存储层包含数据质量规则库、数据质量信息库和数据质量知识库。数据质量规则库存储数据质量管理子系统的相关规则信息，包括数据质量采集规则、监控规则、告警规则及两级数据质量联动审计规则等；数据质量信息库存放数据质量所有的告警信息、质量评价信息及问题解决过程信息等，其中监控数据，包括指标监控、接口监控、作业监控等实时监控的历史信息，利用历史信息实现数据挖掘等相关数据分析功能；数据质量知识库主要存储数据质量监控知识、数据质量分析和评价知识及数据质量问题和问题的解决方式知识，也包括接口问题处理知识、数据处理问题处理知识、仓库处理过程问题处理知识和指标异常及处理知识等。

功能层包含数据质量管理系统的基本功能，一般包含有五大功能：规则配置管理、数据质量监测、数据质量检查、数据质量报告、异常情况处理。

1. 规则配置管理

下文主要对数据质量管理系统中规则管理功能模块（图 6.16）进行介绍。首先介绍数据质量规则，并详细描述监控规则结构；进一步介绍数据质量规则的设置及相关功能。

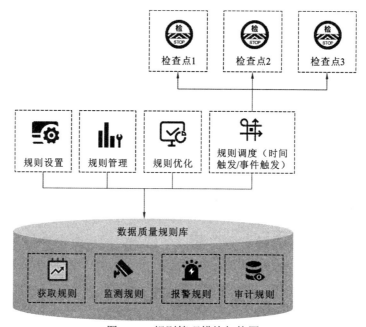

图 6.16 规则管理模块架构图

1）规则定义

数据质量规则是以被操作对象为中心，进行的各种质量管理活动的客观衡量标准。一个规则一般有 ID、名称、具体算法、告警阈值和被监控对象等基本要素。数据质量规则可分为获取规则、监测规则、报警规则和审计规则四类。

（1）获取规则是取得被监控对象的真实数值的一种方法，包含获取代理规则和获取程序规则。

（2）监测规则是对获取到的监测对象数据进行质量校验的校验规范，监测规则是数据质量规则的重要组成部分，是分辨数据质量问题的有力手段。

（3）报警规则是监测规则实施后，在发生违反规定允许范围内的异常后，及时发出报警信息的行为规则，包括报警方式和报警订阅。

（4）审计规则是进行对象数据质量审计的算法依据，包含及时性审计规则和准确性审计规则。

监测规则的主要规则字段如下。

（1）监测元数据 ID：所监测的元数据 ID。

（2）监测对象元数据名称：所监测的元数据名称。

（3）监测对象类型：数据仓库对象的类型，如接口文件、数据库报表、ETL 作业、指标等。

（4）监测对象维度：监测对象的信息维度，如空间维度、时间维度等。

（5）规则编码：规则的一种标识，一般由阿拉伯数字或者英文字母序列组成。

（6）规则名称：规则的真实名称。

（7）监测规则分类：按照监测数据质量属性进行分类。

（8）监测规则算法：实现具体监测规则的各种算法。

（9）算法描述：对规则算法的解释说明，以便他人使用算法时能明白算法规则。

（10）规则阈值：按照规则计算的相对值，即波值的最大允许限度为±5%。

（11）规则描述：规则的备注信息，可以用来区分相似规则。

2）规则设置

数据质量管理需要对大量的监测点进行质量监测。监测规则动态配置，是在规则的规范性结构与存储的基础上，基于监测对象的分类、特征和历史数据，通过主动获取相应的监测规则、初始阈值和数据维度等资源，以达到规则的分类和阈值参数能与被监测对象快速匹配，从而实现对新增监测点的自动配置与高效部署。

3）规则管理

规则管理，是在规则产生后对规则各项功能的日常管理，包括规则的界面管理和后台管理两部分。

（1）界面管理。规则的界面管理，是对规则中涉及的规则相关字段信息进行管理，主要有 3 个部分：修改、删除和查询。

（2）后台管理。规则的后台管理主要包含对当前规则、规则变更及历史规则的存储管理。

4）规则优化

规则优化即是依据某段监测期限内的监测结果，包含监测数据值、报警记录及问题处理流程记录等相关监测信息，对监测规则进行分析并发现规则优化方法。例如：客户到达数指标初始设置的波动检查阈值为±2%，在规则运行一周后发现，该指标 7 天中有

6 天出现了报警提示，实际波动范围达到±5%。系统维护人员认为该波动范围为业务正常波动，故未对报警进行处理。系统经过分析该规则可以进行优化，具体优化方法为将该监测指标修改为±5%。规则优化包括三方面：①规则每次运行的详细信息；②规则运行周期内的汇总统计情况；③报警处理率及优化建议。

5）规则调度

数据质量规则调度是基于规则对象的定期检查，根据设定的触发条件请求检查规则，触发条件有时间和事件，具体说明如下。

（1）时间触发。周期性触发，按照一定的周期进行规律执行，周期可变。

（2）事件请求方式。①前置条件调度：某规则能进行调度，必须确定它的前置条件已经实现。如图 6.17 所示，根据元数据血缘分析得到的血统图建立指标 1 和指标 2 的相关监控点。前置条件调度即链路上每个监测点是否进行规则调度，都要依赖于前一个监测点实施的结果，如果前一个监测点出现报警，则该监测点无须调度。如接口 1 的及时性检查出现报警（即接口 1 未按时到达），则处理 1 和处理 1 之后的节点均需调度。实现该调度方式可以减少大量的关联报警产生。②后置触发调度：后置触发调度就是在某规则实施之后，可以根据其实施的后果，来判断下一个节点能否实施。这种调度方法可以用于发生质量故障后，实行进一步的质量监测分析与管理。

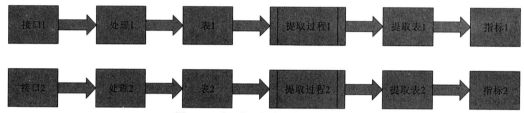

图 6.17 规则调度前置条件示意图

2. 数据质量监测

数据质量监测由数据处理监测、数据稽核组成。

1）数据处理监测

数据处理监测是监控数据处理任务执行的情况，包括是否按时调度、是否成功等状态消息，数据装载和数据分发到数据缓存的采集流程和结果状态，以及业务数据源是否按要求及时准备数据、提供的数据是否符合约定和采集过程。

2）数据稽核

数据稽核是数据质量监测的核心，对整个数据处理过程的数据质量进行稽查，主要包括数据来源环节和数据处理加工环节的稽查与验核。①数据来源环节稽查与验核的重点是接口的规范性、完整性、一致性，并及时进行跟踪。②数据加工处理环节稽查与验核主要关注点是在各层之间数据的一致性和数据处理的精确度。而一致性涉及从数据源到整合、集成，到应用间服务接口之间的传输流程中结果是否一致。在时空数据保证全面统一的基础上，针对业务状况对关键指标实施波动查验，为了准确有效地发现异常信息，还需要依据以往合理数据指标的变化，判断指标变动的波动是否正常，从而得到指标正常变化的区间。采用环比对照，如果数据处于正常变动区间，则表示该指标数据正常；如果偏离了正常变动范围，则表示该指标数据异常。

3. 数据质量检查

数据质量保证涵盖接口数据检查、关键数据稽核、处理过程检查及处理环境检查 4 个方面。

（1）接口数据检查。接口管理主要根据管理的日志记录，对接口的数据质量做出评价。在这里，针对文件接口数据，重点从接口的完整度、正确度和合理度等几个方面加以检测，系统则依据接收文件的时间长短、数据量大小、入库情况是否正常等做出大数据分析。

（2）关键数据稽核。对关键数据的质量稽核重点在于确保数据分析准确度的质量。数据分析准确度的评估，是对数据分析质量检查、元数据支撑系统和支持函数三种重要功能域重要函数的综合使用，以达到对该类数据质量问题解决的有效支撑，并作为配合对口径一致性问题检查的重要手段。

（3）处理过程检查。主要强调处理的时效性和准确度，即按照检查原则，对系统各处理过程开展处理效果和服务质量的测试，寻找解决质量低下和处理失败的关键。处理过程涉及信息的提取、输入、处理传递、加载、信息汇总生成、显示等。

（4）处理环境检查。处理环境检查是指系统按照配置的规范和质量检查度量，进行对处理环境的检测，以确保系统资源利用情况和环境状况一直处于正确的范围之内，一般涉及对文件系统监控、处理目录、系统资源状况、硬件 I/O 状况、内存环境和源系统事件等的检测。数据质量监测点如表 6.1 所示。

表 6.1　数据质量监测点

监控对象	监测点部署
接口	接口完整性检查
	接口及时性检查
	接口正确性检查
	接口合理性检查
模型数据	数据属性检查
	数据属性关系检查
	业务逻辑检查
	编码映射监控
指标	指标数值检查
	指标波动检查
	指标比较检查
不同业务系统具有相同业务含义的数据	属性比对稽核
	统计比对稽核

4. 数据质量报告

数据质量评价是对整个系统数据质量情况的一次全方位展示，方便系统运维人员从不同视角掌握整个系统目前的数据质量情况，出现问题则予以报警，同时该应用领域也是接口数据异常分析、核心指标一致性分析等数据质量问题处理解决的重要基础。

1）数据质量分析及修正考核

数据质量不高对收益、客户服务和日常业务流程都会带来很大影响。

系统对抽取到的各外围系统的数据进行属性合法性检查、数据表关联性检查、数据比对稽核等以发现数据质量问题，提交给源系统做数据的修正后再提交给目标系统，形成一个数据质量管理的闭环流程，提升数据质量。另外通过向其他应用提供经过数据质量提升、标准化后的数据，可促进标准化数据的应用。

完成数据稽核检查以后，对于异常数据，比如数据关联性检查发现的问题，为源系统提供明细，以便源系统进行数据核查和修正。

2）相关报告

定期完成《接口质量稽核报告》《数据质量稽核报告》《关键指标稽核报告》。

《接口质量稽核报告》基本内容：接口时间、接口类型、接口名称、接口及时率、接口完整率、接口合法率、记录拒绝率等。

《数据质量稽核报告》基本内容：对象执行时间、对象名称、对象类型、对象记录总数、记录丢弃率、同期误差率、同期波动率、历史波动率、标准误差率等。

《关键指标稽核报告》基本内容：数据生成时间、数据类型、数据名称、数据出处、数据关键值、较同期波动率等。

5. 异常情况处理

异常情况处理包括异常报警、异常处理流程、异常处理机制、异常处理类型和方式等内容。

1）异常报警

异常报警是稽核规则执行后，发生违反规则允许范围的异常变动时，按照数据重要程度分层次报警，包括：非常重要数据报警、重要数据报警、一般数据报警。

对于每一层次的数据，又可将发现的问题分为提示、一般报警、重要报警、严重报警4种。具体情况及相应的处理如表6.2所示。

表6.2　异常警告

报警分层	报警分级	报警形式
非常重要数据报警	提示	界面警示
	一般报警	界面警示
	重要报警	界面警示和短信警示
	严重报警	界面警示、邮件警示、短信警示

报警分层	报警分级	报警形式
重要数据报警	提示	界面警示
	一般报警	界面警示
	重要报警	界面警示和短信警示
	严重报警	界面警示和短信警示
一般数据报警	提示	界面警示
	一般报警	界面警示
	重要报警	界面警示和短信警示

各种报警形式的具体描述如下。①界面警示：在数据质量监测界面上展示报警信息，并依据不同的报警级别，以不同的颜色、符号提示异常程度。②短信警示：依据预设定的报警级别发送短信告警。③邮件警示：依据预设定的报警级别使用邮箱，向相关责任人发送 Email 告知警示情况。

2）异常处理流程

提供对数据质量相关异常数据处理的支撑功能，在发现异常数据或者处理异常数据问题时，以数据质量报告的方式记录数据异常情况、指派责任人进行处理，并及时更新问题实时情况，达到异常数据实时、及时管理。

异常问题发现流程触发：数据接收方、源数据提供方、系统自动监控发现问题，向数据质量管理平台提供数据质量报告，触发数据质量异常处理流程，具体如下。

（1）数据接收方发现问题：对接收的数据进行文件校验和业务逻辑校验，校验中发现的问题和异常将在数据质量报告中描述。

（2）源数据提供方发现问题：当源数据提供方发现提供数据异常时（上传的数据错误、漏传等），对异常数据的影响进行评估，确定是否要修正数据，并在数据质量报告中详细描述。

（3）系统自动监测发现问题：数据稽核、数据监测自动化和智能化，对数据处理流程的重要节点实行监测，并迅速发现异常，在数据质量报告中记录和说明产生的问题和异常。

异常问题记录分析：当数据质量问题产生之后，数据质量管理子系统将问题进行展现并保存问题记录、告警、分析、处理与总结。

异常问题处理：数据管理员根据数据异常问题，确定异常处理的解决方案，触发相应的数据异常处理工作。

异常问题评价：分析数据质量问题产生的原因，记录改进措施，总结改进经验，扩充数据质量知识库，以实现优化质量管理流程和提高监测规则的准确度，促使数据质量逐步提升。

3）异常处理机制

相关责任人收到异常问题的告警，分析数据问题，触发不同的异常数据处理机制。

（1）数据同步机制：对于与大数据中心平台相同数据结构的各应用系统数据库表，每个数据变更事件（包括常规数据处理、异常重处理）均需向数据质量管理平台提供数据质量报告，即被变更数据表的总体或变更部分概要性统计信息（稽核表单），大数据中心平台所在的主库接收数据质量管理平台的数据稽核表单，自动触发数据同步流程，保证两端数据一致。

（2）自动回退机制：各类数据变更后（包括常规、非常规情况），及时上报质量管控指标，并接收质量管理平台的反馈，建立作业和数据的自动化回退机制。

对于各类数据源主动发起的异常数据问题，对已经完成的作业、已经入库的数据，大数据中心平台接收异常数据处理工单，对需要修正的数据，进行有序或有选择的回退及再处理。

（3）协商核对机制：大数据中心接收到反馈的异常数据信息，如果不能通过数据同步及自动回退解决，需要大数据中心与相关平台协商建立统一的异常处理机制，共同完成数据的核对与再处理。

4）异常处理类型和方式

按照异常严重性可分为：警告、告警、错误、严重错误。

按照异常产生机制可分为：校验异常、节点异常、流程异常。

异常处理方式：忽略异常，流程继续执行；发现异常，发送告警，继续执行流程；发现异常，发送错误，终止流程；发现异常，终止本流程，调用异常处理流程。异常类型与处理方式如表 6.3 所示。

表 6.3　异常类型与处理方式

异常类型	描述	处理方式
警告	ETL 处理结果存在稽核差异，但尚在经验范围之内，不影响数据质量和流程处理的信息	流程继续执行
告警	ETL 处理结果与期望结果差异较大，超出了经验波动范围，可能存在数据质量和流程处理的问题，需要进行跟踪复查	将告警错误发送给维护人员，流程继续执行
错误	ETL 流程无法正常执行，影响后续流程的正确性；或者 ETL 处理结果存在重大错误	数据处理流程暂停执行，以短信的形式将错误信息发送给维护人员
严重错误	错误后果影响重大，无法正常提供统计分析功能	数据处理流程立即中止，以短信的形式将错误信息发送给维护人员和监控人员，需要人为对出现的错误进行修正和流程重置

6.5 数据服务

数据服务模块可以提供原始数据的预览服务、查询检索服务、分析计算服务、多维度挖掘服务。支持基于 GIS 地图的数据可视化、数据交互式探索；支持对时空数据进行多维检索、亿万数据秒级查询；支持对多源异构时空数据提供统一的统计分析计算工具，以及不同的处理挖掘。数据服务模块还以 API、SDK（software development kit，软件开发工具包）等多种方式向用户提供应用级服务。如服务相关的 API，包括适配引擎 API、瓦片处理引擎 API、轨迹数据时空化 API、存储 API 等；如以脚本或小工具等模式提供的离线应用服务等。

数据服务包括服务注册、服务申请与授权、服务监控、资源目录编目、服务挂接、服务申请、服务审批、服务调用等功能。基于大数据资源中心，为上层的监督管理、监测预警、指挥救援、决策支持、业务管理五大业务域业务系统提供统一、高效的数据服务支撑。其底层借助大数据统一访问分布式 SQL 查询、Reset API 等对客户需求提供有力支撑。

数据服务能力如下。

（1）数据服务管理支持将各种主流数据里的数据表转化为在线 API，支持单表、多表 API 创建的同时实现数据加密脱敏，支持的数据库类型包括 SQL Server、MySQL、Oracle、Informix、Phoenix、Presto 等。

（2）零代码生成数据 API，基于数据库核心元数据勾选方式可实现数据接口 API 的创建、调试与发布。

（3）API 创建时，请求参数传递后的数据过滤条件支持多种关系符设置，包括但不限于：等于、大于等于、小于、不等于、包含、介于。

（4）API 的在线调试，即时查看执行结果，数据预览格式支持：表格、JSON、XML。

（5）系统根据 API 创建时选择的入参出参自动生成 API 文档，对文档在线编辑修改。

（6）具有第三方 API 注册的功能，帮助将现有数据服务或应用服务快速注册到数据服务网关。

（7）具有 API 编辑、删除、发布、下线等管理手段，有 API 版本管理功能，包括版本历史查看功能。

（8）同一个数据服务接口可自动识别数据调用者所属行政区域，并对不同行政区域返回不同的数据查询结果。

（9）采用大数据统一访问分布式 SQL 查询技术，提供统一 SQL 查询接口。

时空大数据平台提供原始数据服务、地图服务、检索分析服务、分析挖掘服务（图 6.18）。

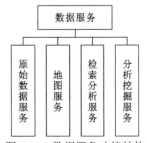

图 6.18　数据服务功能结构

6.5.1 原始数据服务

原始数据是数据库中未经过处理或简化的数据，构成了物理存在的数据。原始数据有多种存在形式，如文本数据、图像数据、音频数据，或者几种数据混合存在。

（1）文本数据服务。文本数据指不能参与算术运算的任何字符，也称为字符型数据。如英文字母、汉字、不作为数值使用的数字（以单引号开头）和其他可输入的字符。文本数据服务是文本数据的数据共享与交换。

（2）图像数据服务。图像数据是用数值表示的各像素的灰度值的集合，有视频流、静态图像、视频等。图像数据服务是图像数据的数据共享与交换。

（3）音频数据服务。音频数据是数字化的声音，指以一定的频率对来自 Microphone 等设备的连续的模拟音频信号进行模数转换（analog-to-digital conversion，ADC）得到音频数据。音频数据服务是音频数据的数据共享与交换。

6.5.2 地图服务

地图服务有电子地图服务和地图瓦片服务，电子地图服务分为矢量电子地图服务和影像地图服务，瓦片地图服务分为栅格地图瓦片服务和矢量地图瓦片服务。地图服务的格式有：WMS、WMTS、WPS、WFS、WCS、W3DTS、W3DMS（具体服务格式内容见第 3 章）。

6.5.3 检索分析服务

检索分析服务提供对数据及服务资源进行目录检索服务和全文检索服务。目录检索是对分类名和内容简介进行关键词检索，全文检索是对全文数据库的完整信息源的全部内容进行检索。

6.5.4 分析挖掘服务

开发历史推理方法、聚类分析、人工智能等通用性的挖掘方法，并将它们集成，形成时空大数据分析挖掘服务工具包，提供空间分布服务、多因子关联分析服务、时空分析服务等分析挖掘服务。

6.6 可视化引擎

可视化引擎以流式地图、时空立方体、高维时空数据可视化、时空数据三维可视化技术为基础，实现智能化全尺度、分布式、集群协同渲染，具有高效的三维空间表达能力。支持手工模型、点云模型、BIM 模型，支持地上、地下模型一体化，支持室内室外一体化，支持大规模场景三维可视化。

可视化引擎支持业务应用的灵活可订制模式，支持浏览器/服务器（browser/server，B/S）模式、服务器/客户机（client/server，C/S）模式、移动终端一体化功能展示平台。平台主要提供一种可扩展的开发框架，支持对跨平台、跨 GIS、跨开发语言的应用需求，提供基础的二维、三维 GIS 显示，基础空间分析，基础数据管理等功能。提供一套完整的客户端 JavaScript（JS）编程语言二次开发脚本，基本涵盖了图层控制、注记显示、矢量绘图、空间查询、交互漫游、全景展示等分析功能，可满足时空大数据可视化应用的B/S 二次开发项目。

6.6.1 可视化图表

数据图表包括基础图表组件、二维空间组件和三维空间组件。

1. 基础图表组件

基础图表主要有分析图表和复杂图表，包括数据统计图表、数据分布显示、数据关系显示。数据统计图表显示有柱图、条图、环图、饼图、玫瑰图、漏斗图、雷达图、仪表盘、信息列表等统计图表；数据分布显示有散点图；数据关系显示有环形弦图、桑基图、热点图、拓扑图等 10 余种关系图。

2. 二维空间组件

二维空间统计图有单柱图、簇状柱图、堆积柱图、单条图、簇状条图、堆积条图、饼图、环图、气泡图、区域图、指针仪表盘、数字仪表盘等；二维空间分布图有节点轨迹图、热图、星光图等；二维空间关系图有链路图。

3. 三维空间组件

三维空间组件是为可视化系统提供三维显示支持的专用组件，分为三维场景组件、三维地理信息组件、三维云渲染组件三种类型产品。这些组件的可视化渲染效果非常逼真，里面包含了各种模拟计算模型和仿真三维模型，有数据驱动、多级细节显示优化等优点，能够支持三维空间可视化场景的快速生成。

三维空间统计图包括单柱图、簇状柱图、堆积柱图、气泡图、饼图、区域图。

三维空间分布图包括节点轨迹图、热图、星光图。

三维空间关系图包括链路图。

6.6.2　可视化要素

数据要素有二维数据要素、三维数据要素。二维数据要素包括矢量要素的点、线、面，栅格要素等；三维数据要素有手工模型、点云模型、BIM、三维场数据。

数据要素组成的场景有地图数据、城市建筑及模型、城市部件等。

1. 地图数据

地图数据支持矢量地图数据、栅格地图数据、地图要素图元的叠加，支持地形地貌的渲染，包括高程、地表要素、地块、水体、植被的渲染。其中，水体支持默认海平面功能，植被支持面积种树及单体种树功能。

2. 城市建筑及模型

城市建筑及模型支持手工模型、点云模型、BIM 展示，支持地上、地下模型一体化展示，支持室内室外一体化展示，支持大规模场景三维可视化。

3. 城市部件

城市部件包括传感器状态及传感器感知数据、通信/指控关系。传感器工作状态预置多种电磁覆盖模型，支持瓜瓣体/椎体/矩形等多种传感器包络范围展现。传感器感知数据支持场数据的展示，实现传感器数据的动态显示。通信/指控关系支持连线/条带/动画等多种可视化方式，实现各类传感器通信关系、指挥控制关系的动态显示。

6.7　数 据 应 用

数据应用模块针对不同的数据类型和业务场景（张鹏程 等，2018），可以满足多样的应用场景需要。如在地图行业中，针对轨迹数据挖掘相关的需求，通过实时轨迹数据的接入和处理挖掘，可实时地获取道路相关属性的实时动态；针对影像数据的图像处理需求，通过切片、提取、后处理，可以精准地获取道路、建筑物、水系、绿地等地图要素的几何信息，丰富地图数据类型和数量，大大减少人力成本。此外，针对激光点云数据的室内空间信息挖掘构建，基于矢量数据的热度计算等均可以应用到不同业务场景。数据应用模块功能结构如图 6.19 所示。

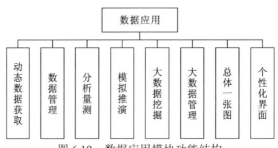

图 6.19　数据应用模块功能结构

6.7.1 动态数据获取

1. 接收

利用物联网实时监测、网络在线抓取，按照时空大数据中心的需求，实时立体感知各类监测体征信息，并实时捕捉各类运行状态信息，从而在既有时空大数据的基础上实现动态积累。

2. 调取

在数据挖掘与分析的处理过程中，可以及时使用动态积累的物联网实时监测，利用网络实时抓取信息或者调取相关的运行情况或运行体征源数据信息。

6.7.2 数据管理

1. 输入输出

支持对静态数据以常用格式输入、查询、增加和确定，支撑三维模型的几何数据和属性数据以常用格式导出，同时支持按照类别、时空数据时相及实际应用需求而开展的产品制作、内容提取与导出及时空数据的分发。

2. 数据编辑及处理

支持坐标与投影坐标的转换，高程换算，数据裁剪，数据剪切，格式转换及影像数据的对比度调整，灰度（色彩）、饱和度等调节功能；支持对二维矢量数据的图形编辑；也支持对三维模型数据的模型替换、模型位置调整、纹理编辑、属性编辑等。

3. 查询统计

具有根据时间、属性和空间范围及其组成的复合条件，获取和检索各种时相、不同类别和不同范围的时空数据的能力，并进行提取与统计分析；具备对三维模型数据进行检索的能力；也具备对数据及服务资源进行目录查询的能力；具备依据查询结果实现空间数据定位的能力。

4. 数据可视化

实现将多时相空间数据混合、叠加、符号化展示，支持使用鼠标拖动、放大、缩小等浏览功能，并可使用动画、动态符号和颜色变化模拟时空数据的变化；实现三维模型数据的展示，可提升模型动态加载的性能；具有三维空间的漫游功能及多视角浏览功能等。

5. 动态更新

支持感知、监测数据的动态更新；支持对数据索引的实时调整；支持数据按范围、类别或其他分类方式分层或局部更新，也支持整体更新。

6. 历史数据管理

具备历史数据备份与还原功能，支持历史数据的版本建立、版本管理和版本间历史数据对比等功能。

7. 元数据管理

支持实时追加元数据的实时更新；实现元数据注册、编辑、更新及元数据检索等；元数据与对应的数据之间可形成对应关系，并可与对应的数据实现同步更新。

8. 安全管理

具备系统控制、授权控制、日志管理、事务管理、系统与数据库的备份和还原。备份可采用全备份或增量备份、热备份或冷备份模式，并定期检查备份的有效性。

6.7.3 分析量测

1. 常用分析

具备将不同类别时空数据融合、多时相数据分析比对、变化信息提取等功能，包括时空数据统计分析、叠加分析、时空序列分析等。

2. 空间量测

具有对二维数据的长度、面积的计算能力，具备对三维模型数据进行空间距离、水平面积、体积量测的能力。

6.7.4 模拟推演

1. 时空过程模拟

以事件和场景为目标，通过搜索调取相关的历史地域范围及时间、空间和属性相关的内容，通过模拟历史发展变迁过程，进行场景和事件的数字化重现。

2. 决策预案的动态推演

通过选择重要数据的人工干预情况，判断决策方法的实际有效性，从而模拟事件发生过程的动态可视化。

6.7.5 大数据挖掘

1. 基础分析

开发整合历史推理方法、聚类分析、神经网络、人工智能等分析方法使用的挖掘手段，以形成平台的基础分析工具包。

2. 空间分布

分析计算每个专题数据源的空间粒度，利用地名地址匹配服务自动匹配至基础时空数据上，以分析挖掘空间分布变化的规律。

3. 多因素关联分析

将两个或以上的专题数据源分布在基于统一基础时空基准的时空数据上，综合利用各类模型，以探索并发掘专题数据间的关联性与依赖度。

4. 时空分析

将单一或多个具有时间、空间特征的专题数据分布在基础时空数据之上，以深入研究并展示各信息在时间和空间上的发展分布规律及时空特征。

5. 主题分析

针对某一特定主题，在提供的基础分析工具包和空间分布、多因素关联分析、时空分析的技术基础上，进一步提炼出主题大数据挖掘分析的技术模型与流程，建立定制化、流程化的大数据链，并提供高度智能化的数据挖掘功能，以挖掘数据潜藏的重要性和规律。

6.7.6 大数据管理

1. 存储检索

支持时空大数据的分布式存储、快速存放和读取、精准查询、多并发响应与应答及负载均衡，并实现管理节点动态更新和容灾备份的功能，从而提高时空大数据的查询效率、吞吐量、可靠性、容错性、稳定性。

2. 数据流转

实现多源异构时空大数据的资源共享、互操作和数据流转，实现对各类数据库的高效整合，同时实现应用层的统一查询界面、统一检索手段和统一操作接口。

3. 智能监管

支持对各存储环节工作情况的实时监测和负载均衡动态调度，监测信息自动收集整合并进行统一发布展示，智能分析工作情况和产生的问题，并及时处理。

6.7.7 总体一张图

集成地图、遥感影像、DEM、三维建筑等基础背景数据，作为感知和理解的空间框架；同时叠加各类终端实体数据、业务数据，作为多源数据可视化的时空关联基准。

提供一个整体信息看板概览全局，如各类型数据量、区域场景基本数据；以三维方式，可视化显示整个区域，可以无极缩放，俯瞰整个区域，然后进入园区街道、建筑内观察。

6.7.8 个性化界面

使用者通过使用智慧组装系统，选择用户界面样式、底图样式，人机协同在线进行功能感知并通过系统进行侦测，最后在认知引擎的推动下，利用服务搜索引擎、地名地址匹配引擎、业务流引擎，实现对个性化平台的安装、部署和管理。个性化界面基于各种封装的设计模板，自动解析使用者对平台的要求和个性化偏好，进而协助使用者智能地选择并确定所需的内容资源、功能模块和界面风格，匹配出个性化的平台并进行应用。

参 考 文 献

单朋荣, 2020. 面向应用的容器集群弹性伸缩方法的设计与实现. 济南: 齐鲁工业大学.

张偲, 2017. 企业数据资产管理及利用外部数据的研究. 北京: 北京邮电大学.

张宏亮, 2015. Docker 源码分析. 北京: 机械工业出版社.

张鹏程, 何华贵, 杨卫军, 等, 2018. 智慧广州时空大数据框架体系设计与建设. 测绘与空间地理信息, 41(5): 11-13, 17.

HINDMAN B, KONWINSKI A, ZAHARIA M, et al., 2011. Mesos: A platform for fine-grained resource sharing in the data center. Proceedings of the 8th USENIX Conference on Networked Systems Design and Implementation: 295-308.

SARASWATHI A T, KALAASHRI Y, PADMAVATHI S, 2015. Dynamic resource allocation scheme in cloud computing. Procedia Computer Science, 47: 30-36.

TURNBULL J, 2015. 第一本 Docker 书. 李兆海, 刘斌, 巨震, 译. 北京: 人民邮电出版社.

第7章 应用案例

时空大数据的价值重在应用。天空地一体化时空大数据平台除了要解决计算框架、数据的管理与集成、数据协同、可视化与可视分析等问题，如何满足行业、领域、地方的需求，开展实际业务应用是平台落地应用的关键。本章将结合智慧城市、数据治理、公共安全等不同领域，分别从数据集成管理、数据服务、数据可视化侧重点切入，设计并应用天空地一体化时空大数据平台。

7.1 智慧城市应用

7.1.1 背景及需求

为了突破传统时空数据零散分布的局限，对整个城市的立体空间做出统一表述，从而全面精确地综合表现地下的地质、管线、空间结构，地上的水系、交通、建筑物、动植物，以及设备设施、房屋、人口等，建立与现实世界对应的立体空间架构，这已成为目前国际最前沿的科技研发和应用领域。时空大数据平台在中国数字城市地理空间框架构建中，既是创新生动的亮点，也是现代科技升华的结晶，日益为人类社会所关注，更多的城市进行了时空大数据平台构建与应用（朱庆，2014）。

为确保智慧城市时空大数据平台有序实施和长效运转，其建设需求主要包括以下5个部分。

（1）统一时空基准。时空基准是指在时间和空间层面上的基本参考数据和度量值的统一起算方法。时空基准是国民经济发展、国防建设和社会发展中的重大基础设施，是时空大数据分析在时间和空间维度上的基础依据。在时间基准中日期应选择公历纪元，时间则选择北京时间。空间定位基准使用2000国家大地坐标系和1985国家高程基准。

（2）集成与管理时空大数据。时空大数据主要包括时序化的基础时空数据如不同时相的遥感影像、公共管理的公共专题数据、物联网监测数据、网络抓取数据和业务需求扩展的特色数据，构成建设智慧城市所需要的地上地下、室内室外、虚实一体化的、开放的、鲜活的时空数据资源。

（3）建立时空大数据平台。面向不同的使用场合，建立桌面平台和移动网络平台。利用时空大数据池化、业务化，建立时空大数据服务资源池，主要包含时空数据服务、时空数据接口服务、平台功能服务、计算存储服务、知识服务；扩充地理实体数据、感知位置数据、连接解译及仿真推演等API接口，实现应用功能；建立数据服务引擎、地名地址匹配服务引擎、业务流引擎及知识化引擎。在此基础上，开发任务解析模块、物联网感知监测模块、网络实时抓取模块、可共享接口整合模块，以打造开源的、具备自主学习能力的智能化时空大数据平台服务体系。

（4）搭建云支撑环境。有条件的城市，将时空大数据平台搬迁至全市统筹、共享的云基础环境中；不符合条件的城市，则改造原有部门基础环境，部署时空大数据平台，打造基础时空云底座。

（5）开展智慧应用。依托天空地一体化时空大数据平台，针对各城市的共同特色与需要，本着急用先建的原则，进行智慧应用示范。在推行过程中，以技术应用部门为主导，为时空大数据平台建设单位提供数据和技术支持，在既有的信息化应用基础上，突出实时数据接入、时空大数据分析与智能化处理等特点，并积极采取多样化的投融资方式，以进行推广应用。

7.1.2 总体设计

1. 设计思路

面向智慧城市的天空地一体化时空大数据平台不是数字城市地理空间框架的简单升级，而是地理信息服务平台真正拥抱政务大数据和云计算环境的深度创新和变革。

实景三维时空大数据云平台从 IaaS 层云计算支持，到数据即服务（data as a service，DaaS）层时空大数据管理分析挖掘提升，到 PaaS 层高性能云地理信息服务平台提升，从而全面对软件即服务（software as a service，SaaS）层的应用提供支持（姚小军，2018）。

（1）以大数据云计算的融合提供底层支撑。时空大数据采集的高并发性、存储的分布性、分析的高计算性、展示的多样性，对存储、计算、网络资源都提出了很高的需求，而云计算的弹性伸缩和动态调配、资源的虚拟化和系统的透明性等特点与时空大数据的计算、存储技术的需求相适应。

（2）以 SOA 和微服务架构平台。SOA 实现企业级应用的集成，微服务实现 API 应用的敏捷，同时制订 SOA 和微服务演化策略，实现 SOA 与微服务的无缝融合。

（3）以全空间信息模型实现时空大数据引擎。建立时空数据信息模型，实现地上地下、室内室外、虚实结合的时空大数据一体化管理，实现结构化数据、半结构化数据、非结构化数据的透明化管理。

2. 总体架构

按照使用范围的不同，时空大数据平台可分为通用化系统、专业化系统，以支持不同情况的应用需求。

时空大数据平台以云中心为依托，以数据服务、功能服务、接口服务、计算存储服务和知识服务为核心，通过构建服务资源池，建立数据服务引擎、地名地址匹配服务引擎、业务流引擎及知识化引擎，并通过云服务系统，为不同行业应用者提供按需的业务服务（张鹏程 等，2018a，2018b），如图 7.1 所示。

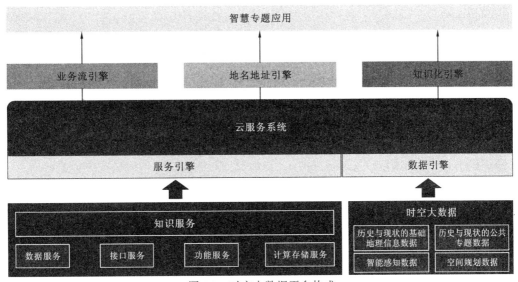

图 7.1　时空大数据平台构成

7.1.3　系统功能

1. 通用化应用系统

1）资源汇聚

（1）数据资源池。数据资源池汇聚了整个平台的数据，主要包括以下数据。①基础时空数据：包括地理空间矢量数据、地理瓦片数据、影像瓦片数据、高程数据、地理实体数据、地名地址数据、三维模型数据及元数据。②公共专题数据：涵盖企业法人信息、人口数据、宏观经济信息、社会民生关注的热点信息、全国地理国情普查与监测数据及元数据。③物联网感知监测数据：包含采用天空地一体化传感网实时获取的遥感数据和利用专业传感器感知监测的时空数据及其元数据。④网络在线抓取数据：针对各种业务需求，通过网络爬虫等方式，利用网络技术实时捕获业务中所缺失的重要数据。⑤业务特色数据：包括各业务所需要的数据（王俊，2015）。

（2）汇聚方式。时空大数据可以通过在线交换和离线拷贝两种方式，把不同来源的时空大数据交换到汇聚区。对于静态时空数据，定期由主管部门将分级或分类后可共用的数据内容离线拷贝到资源汇聚区。对于物联网智能监测设备位置数据及其流式信息，通过周期性拷贝或者网络的连接，使用多级部署、多级摘要、多级服务的方法，动态更新至时空大数据中心。实时感知的源数据一般部署到具体专业技术部门，通过解析并生成摘要，以推送或调取两种模式分布式地进行追加，在确实需要时才使用元数据，避免数据冗余。其他政务信息数据，经过数据发布和交换系统集中在时空大数据平台的时空大数据中心。

（3）时空标识。时空标识是把各种数据信息提供的时间、空间和属性进行标识。时间标识注记该数据信息的及时性，空间标识注记空间特征，属性标识注记所属的应用领域、产业、主题等内容，方便后期时空数据的整合和序化。根据各种数据类型添加时空标识的粒度也各有不同。①各实体数据应逐因子、为每个实体对象添加"三域"标识。该信息通过基于目标的时空数据模型实现信息重构,按要素为每个实体建立有唯一标识的时空对象。②影像数据应针对不同类别、不同误差率的数据,提供"三域"标识。该信息通过持续的时间快照模式实现信息重构,即同一像素分辨率的不同时相图像,形成图像时间顺序,从而构成客观世界中的连续性快照;而对于每一个快照,则通过紧缩时间金字塔模式实现空间组织。③高程模型数据可对应不同格网距离,提供"三域"标识功能。其信息通过连续的时间快照模式实现信息重构,并形成时间排序。④三维模型数据应逐步为各个模型添加"三域"标识。该数据应用面向对象的时空数据模型,通过信息重构,将各个三维模型构建形成有唯一"三域"标识的时空对象。⑤地名地址数据应当逐条添加"三域"标识。该信息通过面向对象的时空数据模型实现信息重构,为所有的地名地址词条创建拥有唯一"三域"标识的时空对象。⑥流式数据及其多层次内容结构,提供相对固定的空间内容和属性,主要标识时间特征。

2)服务资源池

(1)数据服务。时空大数据中的矢量、影像、三维、地名地址和其他空间数据,均根据国家电子地图的相关技术规范完成数字实体化、配图和切片,并以全球通用标准产品的形态推出,以便广大使用者在泛在互联网条件下,进行信息的高效收集与应用。具体服务类型在本书的第 3 章有详细介绍。

(2)接口服务。在二次开发接口上,时空大数据平台主要提供了 11 类应用开发接口服务:基础 API、二维地图 API、事件类 API、控件类 API、大数据分析类 API、三维模型 API、三维业务 API、物联网 API、历史对比分析 API、仿真推演 API 和平台管理API。服务详细描述如表 7.1 所示。

表 7.1　时空大数据平台接口服务详细表

接口服务名称	服务描述
基础 API	用于描述数据应用的属性
二维地图 API	用于二维地图要素的说明、互操作及修改
事件类 API	用于在系统交互中触发的各类事件
控件类 API	用于应用系统中常规控件的操作
大数据分析类 API	用于空间大数据的挖掘分析
三维模型 API	用于三维模型数据的定义及互操作
三维业务 API	用于三维业务应用的描述
物联网 API	用于物联网传感器的位置定位、监测数据接入及分析
历史对比分析 API	用于历史数据的对比分析
仿真推演 API	用于事件发生的模拟再现和预案推演
平台管理 API	平台管理如权限控制、资源分配及申请审核

系统还提供 API 支持，并提供调用实例，提供各种实例的源代码下载，使用者也能够把这些源代码应用到自己的专题应用体系里。

（3）功能服务。①地图功能模块，包含二维、三维地图浏览，空间分析等功能。②三维功能模块，包含三维数据拾取、编辑等功能。③系统管理及其他非空间数据类的功能服务，具备用户登录日志采集和管理、用户注册申请、用户留言通知等功能。

（4）计算存储服务。计算存储服务是指政务部门通过时空大数据与云平台获取的计算资源、存储资源、网络资源等基础设施支撑的服务，提供给用户的服务是对所有计算基础设施共享利用服务。计算存储服务建设是整合现有的软硬件资源，包括处理 CPU、存储、网络和其他基本的计算资源，进行资源池化设计，通过时空大数据与云平台为各部门动态提供虚拟化的资源，资源包括虚拟系统吸引、计算存储资源、负载均衡资源、虚拟网络等，实现对资源使用情况的实时监控、综合分析、快速部署、动态扩展，实现资源高效利用、降低能耗等。

在计算存储服务中，利用资源池的构建、资源动态调度、服务封装等方法，能把 IT 资源快速转换为可调度交互的 IT 服务，实现基础设备设施云跟随需求自动分配的服务，将资源池化，并实现资源快速扩展和资源服务高效可度量。

云平台计算存储服务整体技术架构分为 4 个层次，分别是物理层、资源池层、云服务层和云管控层，如图 7.2 所示。物理层是时空大数据平台的基础硬件资源，由机房平台、物理服务器、存储磁盘、网络设备设施、安全防护设备设施等组成。资源池层是将上述资源的物理服务器、存储磁盘、网络设备等硬件设施进行池化处理后的资源，各自的资源层由物理层提供方负责维护管理。云服务层主要是利用云管理服务软件实现数据服务资源集成，云服务层由提供数据资源的部门维护。云管控层对整个平台实施统一的运维和控制管理，包含资源信息的获取、收集及整理，掌握各种资源运行的实际情况和平台整体性能状况。

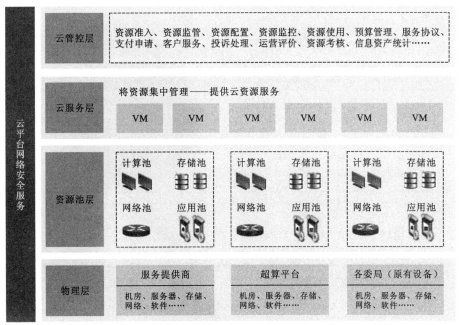

图 7.2　云平台计算存储服务架构
VM：virtual machine，虚拟机

（5）知识服务。大数据分析形成专题信息时空分布规律、时空数据关联规则和时空演变趋势等隐藏在时空大数据深层的规律和关系,并将这些规律和关系池化为知识服务。

通过连接向导将海量数据通过全量与增量的数据更新策略,抽取、转换、装载到数据仓库中的大数据汇集与集成服务。结合多维数据库及联机分析处理（on line analytical processing, OLAP）技术,通过池化的分析服务资源,应对不同业务的数据挖掘分析需求,综合利用序列挖掘、关联挖掘、决策树挖掘等大数据挖掘分析方法,构建大数据的分析方法模型库。服务通过简单的设置,即可定义图文并茂的挖掘分析报告,可接入来源各异的数据源数据,集成趋势分析、结构分析、同比分析、因素分析、任意表格及个性化的自定义 SQL、自定义多维表达式（multidimensional expression, MDX）等多种分析方式,表格、图形、文字任意选择。服务提供简单的向导模式,加上可视化设计界面,可快速设计出各种形式的展示图表,且各展示图表之间,可轻松设计。同时可将设计好的报表定时或预警发送。大数据汇聚与集与服务中的数据抽取与整合架构见图 7.3。

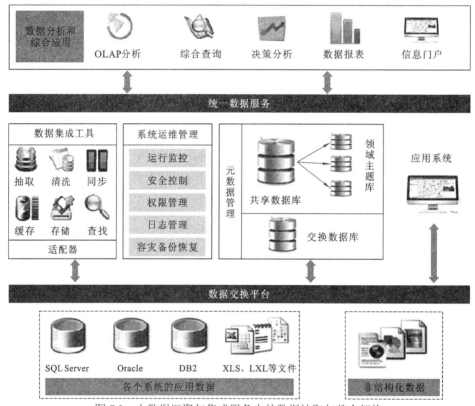

图 7.3　大数据汇聚与集成服务中的数据抽取与整合架构

3）服务引擎

不同应用系统间要进行交互通信或者远程调用,比较直接的方法是"点对点"的通信方式,不过这会暴露出几个非常突出的问题:应用系统内部紧密耦合、设置与引用混杂、服务调用关系复杂、无法统一管理、异构操作系统间存在不兼容性等。

服务引擎可把不同应用系统的各种业务服务高效地管理起来,并对外提供统一的服务接口。也具有支持在线调用所有服务和知识的能力,完成将其他数据资源上传、注册与发布等功能。作为网络平台的中枢系统，服务引擎还兼具权限鉴权、服务路由、日志读取、权限管理、服务聚合拆分等功能。

4）地名地址匹配引擎

地名地址匹配引擎是空间结构数据和非空间数据间的纽带，可以完成大数据在全空间信息模型上的精确定位。

（1）精确匹配不完整地址和不规则地址。根据人们在进行定位时习惯于同时使用不完整地址和不规则地址的特性，可以设计精确匹配不完整地址和不规则地址功能，从而实现定位。

（2）准确匹配地址要素或别名。根据用户进行定位时采用地址要素或别名的特征，准确匹配地址要素或别名，并返回这些地址要素或别名的目标位置。

（3）容错匹配技术。当用户提供的地址不规则或者出错后，匹配引擎就会通过同音字或词、通假字或同义词对地址加以识别分析，从而返回最好的匹配结果。

（4）非法或超界地址识别能力。能够辨别严重的位置信息错误，或超出使用地址范围的位置输入，并提出匹配错误信息。

（5）自定义功能的开放服务接口。可封装为网络的服务接口，可进行各种精度（点位置查找、线面位置查找），各种使用方式（单条匹配模式、多条匹配模式）的各种功能自定义。

（6）批量匹配。提供对 EXCEL 形式的样本数据匹配，在匹配时可选取位置和字段，用户也可选择采用上传文件的方式，对文件中的多个信息记录加以匹配；也提供成果下载功能，可输出 EXCEL 格式或者 Shp 格式。

（7）逆向匹配。将位置映射为标准地名地址，并在地图上表达。通过用户输入的 X、Y 坐标值，可以进行逆向检索得出该位置所属的行政区域、所在的街道名和所对应的标准位置等数据。

5）业务流引擎

业务流引擎将业务流程中的任务，依据逻辑和规律以合理的模式加以描述并加以规划，从而达到工作业务的智能化管理。

（1）业务规则库管理。预定义标准化规则模型，以及与模板之间的流向关联；预定义业务流程样例；对现有的业务流程样例执行保存、分析、调用、更改、删除和退出操作。

（2）运行管理。业务流程的装载和解释；业务实例的建立与管理，主要包括实例的使用、挂起、暂停、终止等功能；外部应用程序的使用；数据的使用。

（3）运行监控管理。实时数据获取、日志监控功能、日志挖掘服务、图形化的监控业务实例的执行状况、实时监控业务实例的执行状况、业务实例的状态管理。

6）知识引擎

应对时空大数据高效分析的要求，综合利用 ETL 大数据仓库技术、联机数据分析处理、Hadoop 大数据技术，针对不同应用领域的大数据知识挖掘需求，综合利用序列挖掘、关联挖掘、决策树挖掘等大数据挖掘分析方法，构建大数据的分析方法模型库；基于

OLAP 服务、分析方法模型库和积累的知识库搭建时空大数据的知识化引擎,可为领导的宏观决策提供分析依据和支持。知识引擎具体功能如下。

(1)分析模型库。以时空大数据挖掘分析为平台,构建时空大数据统计分析、特征提取、变化分析,并且包括神经网络、聚类分析、接口数据分析、网络数据分析、定位数据分析、逻辑数据分析、人工智能等的在线数据分析模型库。

(2)推演模型库。以时空大数据挖掘与挖掘分析为基石,构建决策树、群集侦测、基因计算等预测推演模型库。

(3)业务知识链。以上述的分析模型为原型开发工具,根据客户要求,建立定制化、流程化的业务知识链,并通过反馈数据分析,自动适应并优化业务知识链中的原型方法,从而在业务流程上进一步丰富和拓展业务知识链。

7)云服务系统

(1)入口门户。应用系统入口门户包含地图窗口、项目进入口、功能面板、信息交换、工具条、鱼骨线、鹰眼图和比例尺等内容,并做好合理布局。

(2)基本服务。利用入口门户系统,借助时空大数据引擎和服务引擎,就可以完成时空大数据分析中的数据处理和在服务资源池中的大数据服务、信息服务、功能服务、接口服务、计算存储服务,知识服务的申请、注册、检索、调用和集成。

(3)按需服务。通过构建的知识引擎,将基于用户所提交的重要信息内容、自然语言表述能力及应用习惯,进行自主或智能装配,按需求提供服务。在按需求自行装配时,同时也将构建人机协同的调整环境,对其中不合适的功能、数据与用户界面等内容,进行功能与数据增删、用户界面自主调配与改进。

(4)运维管理。涵盖系统设置与设定、用户信息管理、业务审查、系统监控、资源宿主、资源发布、分平台系统运维管理等能力:①系统设置与设定涵盖修改使用者个人信息、数据库信息、服务器设备信息、图片查询、地图浏览、地图功能、皮肤设定和布局设定等;②用户信息管理涵盖用户表单、用户组信息管理、客户服务和审核申请等;③业务审查涵盖标识审查、服务审核、功能审核、错误反馈、服务质量审查和皮肤审查;④系统监控涵盖网络监控、系统监控、流量监控、服务质量控制和日常检测及信息管理;⑤资源宿主是将寄存节点中的各种数据资源部署在云端;⑥资源发布是把时空大数据以服务的方式在系统中发布和注册,然后进入资源池;⑦分平台系统运维管理是将云平台的数据、功能、模块等进行云化,或者在线为部分客户开发分平台服务,实现客户对平台数量和内容的多样化要求,并可以通过对分平台数据和模块等实现动态调整和统一运维,从而减少部分客户的运维投入。

(5)信息共享中心。采用接口或数据文件的形式,实现时空大数据分析和资源池中服务资源的实时共享。

2. 专业化应用系统

城市时空大数据分析平台,是依据用户的需求,基于通用化平台进行业务专题数据的扩展,并开发专业业务功能,定制特色工作业务流程,建设满足业务需求的专业化平台,广泛服务于各行各业。目前的平台建设主要方向为服务于城市整体运行监控的城市时空大数据分析平台。

城市时空大数据分析平台在整合和利用城市各部门业务系统内外部资源的基础上，采用现代信息技术，建立集数据汇集、应用展示、分析研判、通信指挥于一体，高度智能化的城市运行管理和指挥调度监管平台。平台包含日常运行监控与突发事件应急指挥两种状态，实现城市管理从被动应付型向主动保障型、从传统经验型向现代高科技型的战略转变。平台沉淀了开箱即用的主题模板库，可通过海量指标集和可视化配置模块快速搭建主题场景的产品。平台通过覆盖全行业的主题模型及完备的指标体系，全方位展示从城市级到行业级的指标特征，实现城市运行的全方位监测、全维度研判，真正做到"眼中有图、决策有谱、管理有术"。以下是城市时空大数据分析平台实现的目标。

（1）全方位梳理五位一体的平台指标体系。以新时代统筹推进的"五位一体"总体布局战略目标为基础，以经济、政治、文化、社会、生态五大领域为根节点，进行顶层设计梳理，每个根节点又派生出二级节点、三级节点和四级节点等，形成城市运行体征指标体系。

（2）对城市运行状态进行全方位监控。平台作为一图多景的背后支撑架构，分析国内外各先行平台指标，全力打造构建一整套"五位一体"覆盖全行业的平台指标库，提供自看见到沉淀的 7 大闭环运行功能。

（3）实现数据可视化展示及随时分享应用。通过报告中心，用户可随时查看分享报告。通过消息机制及时了解相关信息，加快决策速度。同时报告中心提供丰富的可视化图表组件，更精准、形象化表达数据。图表组件包括：柱形图、折线图、饼图、地图、漏斗图、雷达图、气泡图、文字云、树状图、日历图、热力图等数十种图表。提供文本、形状、图表、图片、音频、视频、文件组件、时间组件等多种格式对象。所见即所得，具有灵活的图文排版方式。

城市时空大数据分析平台的主要功能如下。

（1）日常监测。①主题监测。通过与各政务部门系统对接的方式获取城市运行的实时数据，对城市在交通、人口、环境、绿化、建筑等方面的运行情况进行实时监测，获取如空气质量监测数据、地表水质监测数据、网络安全监测数据等，并以电子大屏的形式进行一屏展示和场景化展示。②舆情监测。整合社会媒体/自媒体运营数据、政务服务平台业务办理数据，以及相关平台的用户数据和评价数据等，结合社会热点进行分析，用于实时了解民情动态及支撑网络监管部门的 7×24 h 舆情预警监控，方便相关部门及时发现热点事件、开展舆论监管及预警问题处理。③异常判断。根据划定的标准值/正常值对城市在经济、环境等领域的运行状态进行实时监测，监测值超出范围即对异常情况发出预警信号，并把异常数据推送给相关部门的业务系统，将正常值异常值对比和异常值判断作为相关部门处理问题及开展日常管理工作的依据。

（2）评估评价。①城市体检。以城市体检指标为基础，以科学把脉"城市病"为目的，围绕智慧城市在生态文明、经济运行、绿色环保、可持续发展等方面的建设要求开展全面的体检和评估工作，系统化地为优化城市人居环境、提高城市发展质量提供依据和支撑。②竞争力对比。结合城市的综合性发展目标或在某一特定领域的发展要求，获取多个城市的相关运行数据，进行城市之间的横向数据对比，以及指标的多源头分析评价，从不同侧面来反映一个城市的竞争力水平，找准不足和差距，进而明确城市的发展重点和方向。③绩效考核。围绕国家政策落实和政府专项部署等工作要求，结合城市运行的实际情况制订相应的考核评价指标，对政策落实和专项工作推进等情况进行量化考核，科学衡量工作落实情况，并将考核结果纳入绩效考核范围，实现从计划提出到推进落实，再到成效评价的全流程跟踪。

（3）决策支撑。①预测分析。基于城市运行的相关描述性指标，建立对城市经济走向、人口发展、社会风险、自然灾害、违法犯罪等领域的预测模型，以相关部门的监测数据和统计数据为基础，定性定量相结合地预判城市未来发展趋势，并支撑相关部门提前进行相关工作部署。②效能分析。确定城市运行指标体系中的相关自变量和因变量，建立指标关联属性，分析某一个指标的变动对其他相关指标的影响力度。如一个地区在发布减税降费的政策后，分析该政策对所辖地区的经济发展、招商引资等产生的影响，从而指导相关部门更好运用政策手段。③城市规划。通过对城市运行过程中的经济、社会、文化、人口等信息进行深度挖掘，为城市的科学规划提供支持，强化城市管理及服务过程中的科学性和前瞻性。如对所管辖区域内的规模企业点位、土地使用率等数据进行关联分析，进而合理规划和利用城市的土地资源。

7.1.4 案例

1. 某市城市运行管理中枢

为某市政务服务数据管理局建设了城市运行管理要素平台，对构成城市运行的各种要素（人口、自然资源、公共设施、财政、市场、企业等）进行全方位、多层次、多维度的跟踪监控，对城市运行和状态数据报告的整合和共享，统观各个领域运行情况的一图多景，建立覆盖经济、民生、管理水平、服务能力等方面的城市运行监测评估体系，使政府能够从不同角度直观查看当地的运行情况。图 7.4 为某市城市运行管理中枢界面。

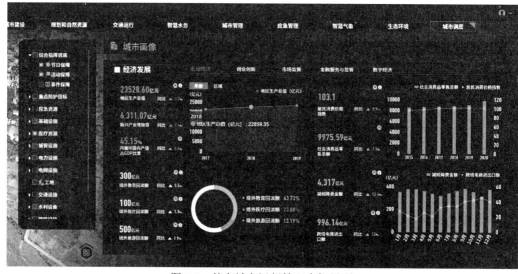

图 7.4　某市城市运行管理中枢界面

2. 某区一网统管城市体征平台

为某区房管、建管、交通、水务、应急管理、市场监管、生态环境、网格等业务进行平台主题设计，对城市运行和状态数据报告的整合和共享，统观各个领域运行情况的一图多景，在城运中心大屏进行展示，为城运中心实现对各业务指标的全面监测提供有力工具。图 7.5 为一网统管城市体征平台界面。

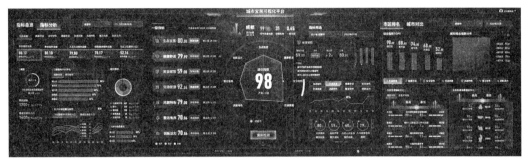

图 7.5　一网统管城市体征平台界面

7.2　时空大数据治理应用

7.2.1　背景及需求

大数据时代，数据是国家重要的基础性战略资源，成为推动国家战略实施和促进经济社会发展的新动力，以计算机、通信等信息技术为核心的新科技革命方兴未艾，世界社会化大生产逐渐从机械化、自动化过渡到信息化、智能化。海量多元异构数据蕴含大量的业务应用价值，因其结构多样、离散的特性，人工分析整合处理工作量巨大，迫切需要使用数据整合汇聚工具进行快速清洗、转换、融合，完成数据标准化工作，并存储到数据仓库中，实现数据价值挖掘，提炼数据资产，为决策分析提供支持。

数据服务项目的需求：主要面向大数据中心的数据开发运维人员对接第三方系统，遵循国家、地方及行业数据标准，采用基于策略元数据的大数据治理、可视化分布式数据融合、智能语义对标和数据加解密技术，为用户多源异构数据采集治理、数据融合共享等业务需求提供一站式服务，产品具有数据可视、质量全程可控、战法模型深度契合业务、数据加密安全传输、灵活适配轻量部署、广泛兼容信创生态等特点。

7.2.2　总体设计

1. 总架构

数据服务平台项目总体架构划分为大技术支撑层、大数据采集层、大数据开发层、大数据资源层、大数据治理层、大数据服务层、大数据应用层及辅助性的数据标准规范体系和安全运维保障体系（图 7.6）。

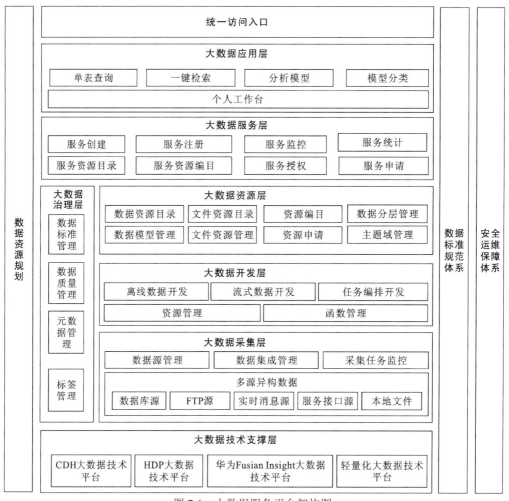

图 7.6　大数据服务平台架构图

（1）大数据技术支撑层：该层主要提供数据存储、采集、清洗、开发等存储和算力，支持 Hadoop 集群化部署和轻量化部署两种方案，应对不同需求场景。

（2）大数据采集层：该层支持多源异构数据库、数据文件、接口等数据来源无缝接入系统。

（3）大数据开发层：该层提供一站式大数据开发、管理、分析、挖掘等端到端的解决方案，在线开发脚本，快速实现从原始数据提取价值数据。

（4）大数据资源层：该层展示所有的数据资源、文件资源。

（5）大数据治理层：该层提供数据标准、数据质量、元数据的管理，实现数据的标准化治理。

（6）大数据服务层：该层支持 API 服务的全生命周期管理，覆盖 API 创建、第三方 API 注册、发布、审批、下线、历史版本管理的整个生命周期。

（7）大数据应用层：该层主要提供数据共享交换、模型构建分析、工作台，支持自助查询。

2. 数据架构

数据资源采用统一的数据接口体系，对各种数据资源进行统一聚合，建立原始数据库。同时运用现代时空大数据处理的数据集成与融合技术，将各业务数据、各种服务对象信息、各种基础信息、各种交互信息等进行大数据标准化管理，建立统一标准的数据库，形成资源目录。根据主题分析的不同层次，可以建立数据分析主题库，最后应用于时空大数据服务、时空大数据可视化分析。

在数据架构（图 7.7）中，数据处理和数据管控是对数据全生命周期的治理手段，达到数据从接入到发布的全流程可视化监管，保障数据资源应用的全程可靠、可控、可溯。

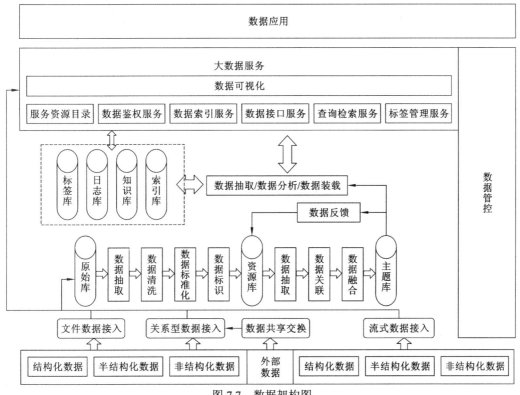

图 7.7　数据架构图

3. 功能架构

数据服务平台主要涉及数据集成、数据治理、数据开发、数据资源、数据服务、数据应用、系统管理 7 大模块（图 7.8）。数据集成模块主要包括数据源管理、数据集成管理。数据治理模块包括数据标准管理、数据质量管理、元数据管理。数据开发模块包括可视化 ETL、脚本开发、流式任务开发、工作流开发、资源管理、函数管理、日志查询。数据资源模块包括数据资源目录、数据资源申请、文件资源目录、数据建模、文件管理。数据服务模块包括统计概览、服务管理、服务资源目录、服务资源申请、服务资源授权。数据应用模块包括数据查询、数据分析、工作台。系统管理模块包括安全中心、配置中心。

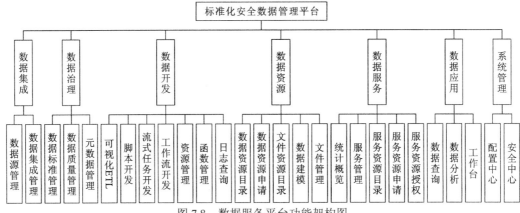

图 7.8　数据服务平台功能架构图

4. 部署架构图

平台采用当前主流成熟的研发框架与技术组件,覆盖数据资源的获取接入、汇聚集成、入库存储、计算、服务调度及管控全流程管理功能(图 7.9),提供混合存储方案,应对不同数据需求,融合大数据处理、微服务等新技术。考虑系统可靠性、扩展性、性能要求等,将运行架构里所有进程分布到各个硬件环境上。

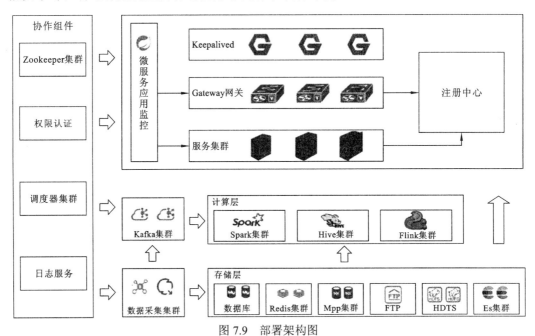

图 7.9　部署架构图

7.2.3　系统功能

1. 首页展示

数据源是连接到实际数据库的一条路径,数据源类型包括数据库源、FTP 数据源、

Kafka 消息源、接口数据源、本地数据源等（图 7.10）。

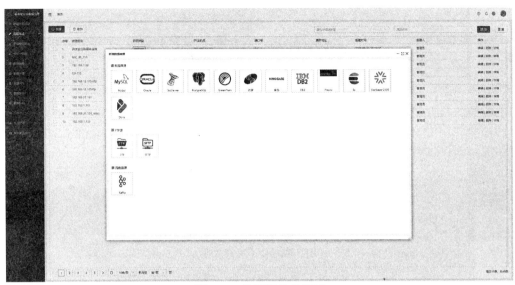

图 7.10　数据源管理界面

1）数据集成管理

数据集成是将多源异构数据从源头汇聚到数据资源池，从而使用户能够以透明的方式访问这些数据资源，解决"信息孤岛"的问题，包括数据库数据集成、FTP 数据集成、Kafka 消息数据集成、接口数据集成，如图 7.11 所示。

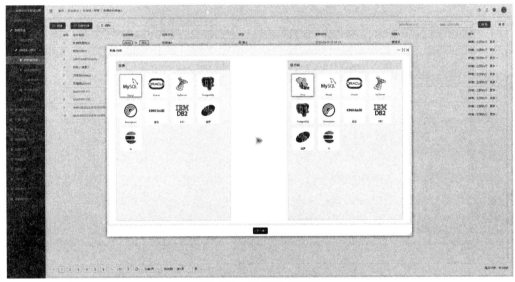

图 7.11　数据集成界面

2）任务监控

任务监控是记录数据集成中产生的日志，支持查看任务名称、任务类型、任务方式、执行结果、接入/共享数量、开始时间、结束时间、整体耗时、日志详情（调度日志、Yarn 日志、执行命令、任务脚本、任务指标），如图 7.12 所示。

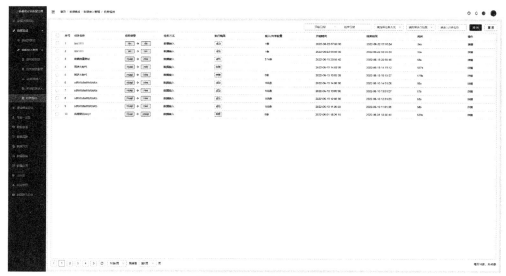

图 7.12　任务监控界面

2. 数据治理

数据治理是通过建立数据标准，进行数据整合，消除数据不一致性、提升数据质量，保证数据完整性、有效性、及时性、一致性、准确性、唯一性。实现数据资源按照信息标准化、规范化的轨迹良性生态循环，并助力数据应用于业务、管理、决策中，使数据资源能够充分发挥价值。数据治理包括数据标准管理、数据质量管理、元数据管理等功能。

1）数据标准管理

（1）字典标准管理。字典标准管理提供统一的编码标准规范，主要支持标准的查询、新建、管理等功能。查询功能可以实现关键字模糊查询，新建功能主要是新建国标、行标、公司自定义的代码。管理功能实现删除、修改、查询、版本管理、字典对标等，见图 7.13。

图 7.13　字典标准管理界面

（2）数据元标准管理。数据元也称数据元素，是描述数据的最小单元。数据元规范参照行业国标、行业标准数据元管理规范设计和管理，标准项至少包括中文名称、英文名称、数据类型、数据格式、对应编码等。支持元素分类的新增、删除、修改、查询和数据元标准的新增、删除、修改、查询。

（3）数据字段管理。数据字段标准管理提供统一的字段标准，定义规范的字段英文名、字段中文名及数据类型，字段标准便于后期数据仓库的建设、数据深度分析和挖掘。

（4）命名标准管理。命名标准管理提供统一的命名规范，支持表、字段、脚本、工作流的命名标准的查看、创建和管理功能。创建功能可以对上述形式进行自定义名称规则的制订；管理功能支持规则的新增、删除、修改和查询。

2）数据质量管理

数据质量管理着眼于数据质量的完整性、唯一性、一致性、精确性、合法性、及时性六要素，基于数据标准进行数据质量的监控、评估和告警。支持标准定义、质量监控、质量分析、质量报告、质量问题告警等数据质量管理全过程的功能，同时还能将问题分发给数据负责人、管理者，在线跟踪问题处理进展，有效解决数据质量、数据命名和定义冲突、数据安全等问题，见图7.14。

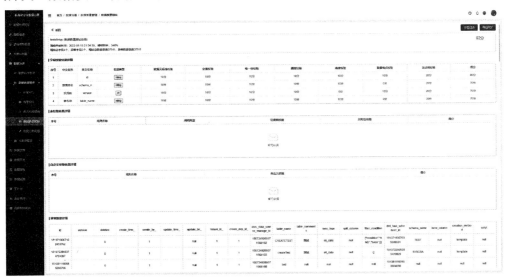

图7.14　数据质量管理界面

3）元数据管理

系统提供元数据采集功能，在系统自动探查结果之上对数据进行维护，后续数据集成、数据资源均可基于定义结果完成相关操作。功能包括元数据采集、采集任务监控、元数据维护。

3. 数据开发

提供一站式大数据开发、管理、分析、挖掘等端到端的解决方案。通过图形可视化操作，拖拽即可实现数据的采集、流转、清洗、发布，将原始数据转变为统一规范的高质量数据，为以后数据的使用和分析提供支撑。系统提供丰富的大数据组件，根据资源现状灵活实现多种任务，资源利用率更高。利用工作流构建基于业务的数据处理流程。提供数据脚本开发、流式任务开发、工作流支持编辑/发布、资源管理等功能。

1）脚本开发

通过可视化的方式进行脚本开发，支持 Python、Shell、Spark、Hive、Spark-SQL、邮件、Javabean 等脚本，支持脚本自动补全、函数调用、在线调试脚本、在线日志查看等功能，为技术人员提供便利，见图 7.15。

图 7.15　脚本开发界面

2）可视化 ETL

可视化 ETL 以图形化的方式完成 ETL 的数据处理过程，具备统一规范的数据处理可视化管理，且对跨数据源融合具有良好的支持。具备丰富的 ETL 加工算子组件，用户可通过拖拽组件的方式完成 ETL 过程，实现高效数据抽取、转化、清洗过程，见图 7.16。

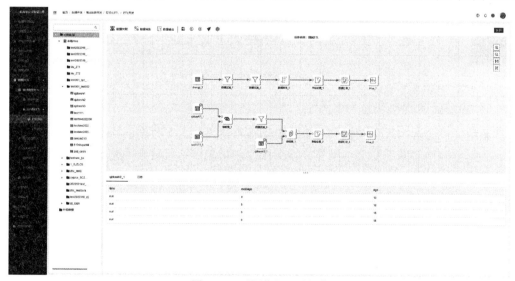

图 7.16　可视化 ETL 界面

3）流式任务开发

流式任务开发通过可视化配置方式，给用户提供流式数据分析、统计、处理的全链路流计算服务。支持上传 jar 包等资源，支持设置流式任务的各种启动参数、挂载调度等，降低流式任务开发过程中对大数据环境的依赖耦合。配置好流式任务后，可查看该任务正在运行或已运行完成的任务列表，可以输入运行开始时间、运行结束时间及运行状态来过滤任务。

对正在运行或已经运行完成的流任务进行跟踪监控。可以输入运行开始时间、运行结束时间、运行状态、任务名称关键字来过滤任务。配置好流式任务后，可查看流式任务的详细配置、结果日志、过程日志。

4）工作流开发

工作流开发为用户提供满足业务需求的调度管理体系，通过可视化、拖拉拽的方式实现任务流程定义。可自主管理作业的部署、作业优先级及生产监控运维。支持对象化、结构化数据的提取，支持数据比对，数据打标、数据归一化、数据关系提取等。支持新建、编辑、删除、查询、导入、导出、解锁/锁定工作流及版本管理。

对任务实时监控，支持错误日志查看，过程日志追溯，集群日志查看，运行状态监控告警，以邮件、短信的形式报警通知相关负责人。支持任务重跑、暂停、恢复、一次性运行等特殊状态控制，见图 7.17。

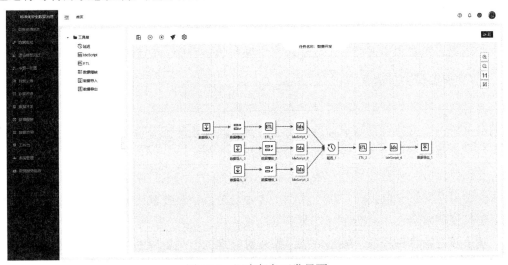

图 7.17　调度任务开发界面

5）资源管理

在数据开发过程中，引用的一切 jar、txt 二进制数据等资源文件，都必须先通过资源管理页面将资源上传。支持将本地资源上传到服务器或者 HDFS，可上传 jar、file、sql 类型的资源，支持编辑、删除、导入和导出。

6）函数管理

函数管理是对脚本编辑器中可能用到的无范式（unnormalized form，UDF）函数进行管理。UDF 函数创建完成后可直接使用，支持新增、编辑和删除等，见图 7.18。

图 7.18　函数管理界面

4. 数据资源

基于政务信息资源目录编制规范，将大数据治理平台构建的数据资源作为管理对象，通过构建数据资源目录、资源编目、上线、审核、资源挂载等业务功能，将大数据治理平台的数据资源整合成符合标准规范且统一的数据资源目录。提供统一的数据资源检索、注册、发布和申请服务，促进数据资源科学、有序、安全地开放和共享共用。

1）数据资源目录管理

通过统一标准的数据资源目录，方便数据所有方通过清晰的业务分类厘清组织、企业的数据资源。支持符合国家标准的信息资源目录要求的资源目录多级分类管理，支持资源目录多级分类，按类、项、目、细目规范化管理。

支持资源分类涉密性管理，根据业务需求从初始目录编目即按涉密性进行控制，非涉密资源目录默认开放到门户统一展示，涉密资源目录需授权给需求方才可见，从源头保证信息资源安全性，灵活掌控目录可见性。

基于政务信息资源目录编制规范，需要对标准的信息资源进行编目，编目内容包括信息资源分类、信息资源名称、信息资源代码、信息资源提供方、信息资源格式等核心元数据，以及共享属性、更新周期等扩展元数据。

数据资源从元数据采集探查而来。支持批量编制数据资源，从不同数据库表中读取数据库元数据，自动生成标准数据资源目录，海量数据资源可快速完成编目，并注册到资源目录。支持资源编制，采用标准 Excel 方式进行资源编目编制，一次性将全量数据资源导入系统并注册到相应的资源目录。

资源编目建立后，需统一发布至门户供资源需求方申请使用。上线、下线都需要进行审批，保证编目的规范性。

2）文件资源目录

通过统一标准的文件资源目录，统一管理系统文件资源。

3）数据建模

数据建模提供可视化、分层级的建模工具，用户可以在工作区内通过拖拽组件的方式，遵循数据仓库建设流程进行可视化建模，并通过业务属性展示数据血缘关系，精确表达业务逻辑，见图7.19。

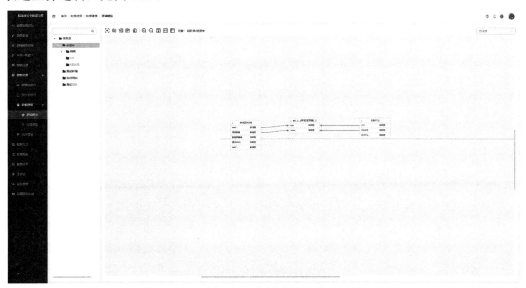

图7.19　数据建模界面

4）文件管理

文件管理是对平台上的文件统一管理，支持文件的删除、预览、下载、重命名，见图7.20。

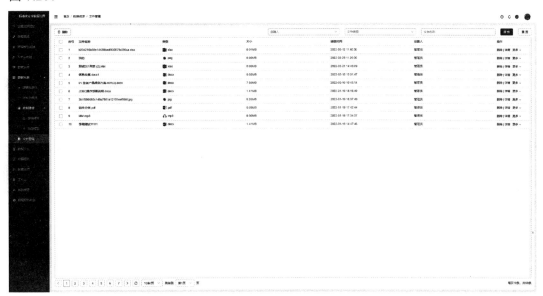

图7.20　文件管理界面

5. 数据服务

数据服务覆盖服务的全生命周期管理，包括 API 创建、第三方 API 注册、发布、审批、下线、历史版本管理。帮助用户规范 API 开发流程、管理 API 文档信息的同时追溯服务从生产到下线再到版本管理的各个环节。

基于政务信息资源目录编制规范，构建服务资源目录、资源编目、上线、审核、下线、资源挂载等业务功能，并提供统一的数据资源查询、检索和申请服务，促进服务资源科学、有序、安全地开放和共享。

1）统计概览

统计概览展示数据服务的汇总信息，包含资源数量、申请量、调用方量、服务调用量、数据来源分布图、服务调用监控情况、各类 Top10 等。

2）服务管理

服务管理包括服务创建、服务注册、服务监控。

3）服务资源目录管理

服务资源目录管理是对服务资源的统一管理，方便服务调用方通过清晰的业务分类厘清组织、企业的服务资源。支持服务资源目录多级树节点分类管理，提供按类、项、目、细目的分类规范进行服务资源关联，支持查询、新增、修改、删除。

基于政务信息资源目录编制规范，需要对标准的信息资源进行编目，编目内容包括信息资源分类、信息资源名称、信息资源代码、信息资源提供方、信息资源格式等核心元数据，以及共享属性、更新周期等扩展元数据。支持批量编制数据资源，自动生成标准数据资源目录，海量服务资源可快速完成编目，并注册到资源目录。

资源编目建立后，需统一发布至门户供资源需求方申请使用。上线、下线都需要进行审批，保证编目的规范性。

4）服务资源授权

服务资源授权是将资源主动授权给用户，平台全部的资源服务使用统一由拥有该权限的管理员进行严格操作，达到安全管控的目的。支持资源授权和更改授权。

6. 数据应用

通过可视化完成数据解析和复杂建模过程，实现数据的广泛共享。助力数据应用于业务、管理中，利用大屏工具进行分析结果的直观展示，使数据资源能够充分发挥其价值并向管理者提供辅助决策。包括数据查询、数据分析等。

1）数据查询

数据查询是指在用户可以查看的资源目录范围内对单张表进行查询（图 7.21），并能通过自定义查询条件进行高级检索。

一键检索支持全文检索权限范围内的所有表信息，并支持定向检索，比如根据手机号码、身份证信息、姓名等检索。支持结构化数据和非结构化数据检索。支持对权限范围内的信息进行全文检索（即全文检索），支持用户指定常用属性进行检索，如手机号码、身份证、姓名等（即定向检索）。

图 7.21　数据查询界面

2）数据分析

数据分析基于 SQL 对数据资源进行可视化分析建模，并对特定行业预置常用分析模型，支持模型构建、发布、运行、编辑等功能（图 7.22）。

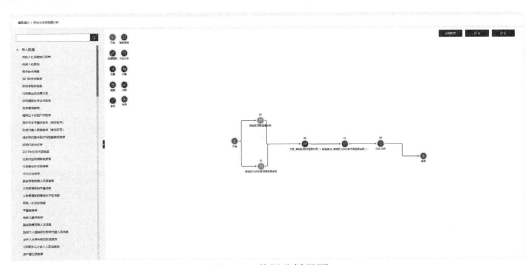

图 7.22　数据分析界面

7.2.4　案例

1. 某局大数据治理平台

某局大数据中心的数据治理项目（图 7.23），遵循国家、地方及行业数据标准，运用大数据、大数据治理、智能语义对标和数据加解密技术，满足多源异构数据的采集治理、融合、共享等业务需求。

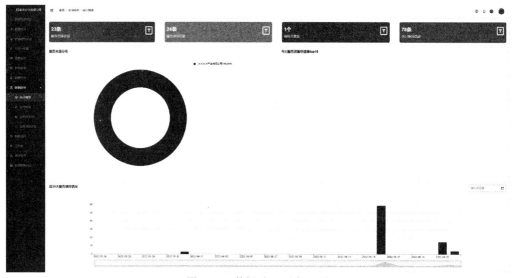

图 7.23　数据治理平台界面

2. 某局地质数据管理维护后台

某局地质数据管理维护后台（图 7.24），从数据汇聚管理到数据服务发布、注册、图层管理，提供数据治理全流程服务。

图 7.24　数据管理维护后台界面

7.3　公共安全应用

7.3.1　背景及需求

在大数据时代下，数据是宝贵的信息资产。可视化是使漫长复杂的大数据分析建设可见，使大数据真正可知可感的最重要一环，帮助用户实现"驾驭数据、洞悉价值"。

基于先进的可视化技术和硬件设备,为用户规划公共安全指挥调度平台(以下简称:平台)。平台能够全面集成、挖掘应用系统的既有数据资源,并将各类基础数据加以整合展示,提供系统的各种指令调度、状态监控、报警预警、仿真推演、数据分析研判等应用,协助使用者洞察数据背后的原理及规律,最大化提升监管水平、提升研判效能。

平台的建设需求包括以下 5 个部分。

(1)态势感知。平台将拥有超强的全局状态感知能力,有助于改善以往信息系统空间割裂、信息碎片化的困局,以适应日常监测监管的需要。智慧城市智能运行中心(Intelligent Operations Center,IOC),能够对该管理中各领域的核心指标实行态势监控和可视化数据分析,全方位展示安全状况,并能对划分区域的数字技术指标实行查询数据分析。从宏观到微观,能够通过对各领域数据分析的融合贯通和可视化,辅助管理者在不同层次上洞悉城市安全工作状况,从而提高监督力度和行政效率。

(2)监测预警。从时间、空间、数据等多种维度,为各种焦点事件设置高阈值报警触发规则,并自动监测各类焦点事件的发展状态,对来自各个部门和不同系统的报警信息做出相关分类和分析,并根据预警模型进行风险研判,确定告警信息的风险级别,以启动相应的应急预案。通过整合信息、事件与工作流,实现从日常整体态势感知到突发事件应急联动指挥的无缝对接,辅助管理人员提升安全风险管控力度和处置突发事件的效率。

(3)联动指挥。平战结合,除了日常运行态势监测,实现应急情况下跨部门联动资源的协同指挥。支持深度整合各级别、各部门、各地区联动资源,对大规模联动资源进行可视化管理,并通过集成视频会议、远程监控、图像传输等应用系统或功能接口,在突发应急情况下,按照既定的应急预案,一键直呼、协同调度多方人员、物资、设施等联动资源,实现跨组织部门、跨地域、跨行业的联动协同作战,实现"一张图"指挥。

(4)分析研判。对公安部门既有海量情报数据,能够按照时间/空间/层级结构等维度进行可视化分析,提供栅格、聚簇、热图、时间规律等各种可视化数据分析方法,同时提供情报信息即时展示、警情态势事件回溯,帮助信息分析工作者深入发现情报数据的时空特点和变化规律,对辖区治安状况、警情案件分布、有关人员行为轨迹等数据实行可视化分析研判,助力使用者最大限度发掘数据资源价值,提升管理者决策的水平和工作效率。

(5)展示汇报。面对领导视察、迎检报告、业务来访等情况,不论是对历史数据的回溯,或是对形势情况的推测与行动,均能够具有良好的信息呈现效果。针对警务管理信息展示、工作成效展示、重点项目展示、重大活动或重要事件复现等业务情况,可以通过最新的信息进行展示汇总,突出表现重点与亮点,保证数据真实性与精彩的动态呈现效果。

7.3.2 总体设计

1. 总体架构

平台基于大数据中心建设展开,逻辑上分为数据层、设备层、服务层、应用层。设备层为平台提供系统运行、图像渲染输出的专用设备环境,内置可视化基础软件及依赖服务,为平台提供标准、稳定的设备支持;服务层为平台提供效果显示、地图接入、大屏对接、数据接入、人机交互、数据播放、内容组织功能，无须进行繁杂的代码开发，可基于配置式开发，使业务人员更加专注于应用层主题的设计与实现；应用层为用户（指挥长）提供科学的主题分类，兼顾实用与汇报功能，增强用户掌握态势、情报信息的科学与准确性，加快案件处置的效率，为用户提供有效的辅助决策支持。平台总体架构如图 7.25 所示。

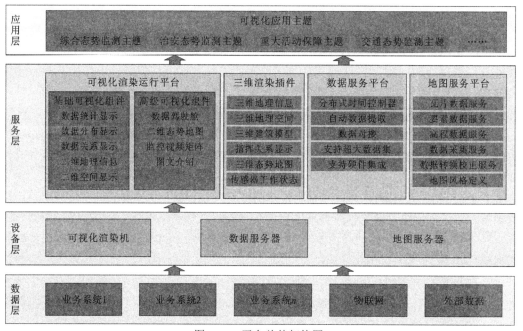

图 7.25　平台总体架构图

（1）数据层：数据层平台的基础数据，这些数据分别来源于公安部门当前已建、在建、待建的各类信息化业务系统。在平台建设前期需针对这些系统做好充分的调研工作。主要包括：警综系统、三台合一系统、网吧信息系统、旅馆信息系统、车辆管理系统、人口信息系统、视频联网平台、4G 人像执法记录仪应用系统、GIS 平台、人像识别系统、车辆识别系统、视频解析平台、视图库、运维保障平台、数据治理平台、WiFi 大数据应用平台等。依据公安大数据划分原则将上述各平台数据按照人、地、事、物、组织五类进行划分。针对不同使用场景将五类数据进行有机组合，最终以主题形式呈现出不同可视化界面。

（2）设备层：设备层为平台提供标准、稳定的设备支持。设备包括可视化渲染机、数据服务器、地图服务器。其中可视化渲染机是大屏端图像渲染的专用设备。采用软硬件一体式架构，内置可视化基础软件，经过严密的性能调优、严格的出场测试，避免了自备硬件导致软硬件兼容和性能瓶颈的问题，保障可视化系统平稳高效运行。

（3）服务层：服务层为可视化主题（应用层）提供基础可视化能力。服务层包括：可视化渲染运行平台、三维渲染插件、数据服务平台、地图服务平台。可视化渲染运行平台是为可视化系统提供基础显示平台的软件产品，具备集群渲染支持能力，包含丰富的可视化组件，支持多种仿真计算模型，可支持可视化系统的快速构建。三维渲染插件是为可视化系统提供三维展示支持的软件基础平台，包含丰富的三维可视化组件，拥有绚丽的可视化渲染效果，且插件内部预置多类模拟推演模型，支持三维空间可视化场景的迅速搭建。数据服务平台是支撑可视化系统进行数据对接、数据播放和分析建模的专用产品。产品集成多数据源接入支持、数据分析建模、分布式数据存储、数据预计算、集群系统控制，是支持可视化系统进行数据采集、存储、统计、切片、查询、回放等功能的平台。地图服务平台包含海量地图数据、地图服务软件及一系列相关配套服务，是支撑可视化系统进行地图显示的基础平台，可以与大数据可视化渲染机无缝集成，为系统提供私有地图数据服务。

（4）应用层：应用层是依据基础业务平台并结合用户相关的实际需求，进行分主题、分场景的呈现。应用层的主题划分紧密围绕用户工作中的需求痛点和关注重点，以场景全覆盖、痛点深剖析为原则，最终达成人员之间高效配合、时间成本明显降低、所有信息化系统的价值得以有效发挥和体现的目标。可视化系统建设的主题包括：综合态势监测主题、治安态势监测主题、重大活动保障主题、交通态势监测主题等。

2. 技术架构

平台采用 B/S 架构模式，多元化的数据分析呈现离不开可视化技术平台的支撑，从产品技术架构中可以看出，可视化产品包括可视化框架、三维核心组件、三维数据处理三大部分，最终为行业应用（大屏应用的呈现）提供支持。实现对城市公共安全的态势感知、运行监测、辅助决策、指挥调度等功能，为构建集决策中心、指挥中心、预警中心及服务中心为一体的公安指挥中心提供服务支撑。平台技术架构如图 7.26 所示。

图 7.26　平台技术架构图

（1）三维数据处理：提供地图数据、模型等其他数据进行精确处理的服务，使基础数据得到有效展示，实现数据由静到动，不断呈现出新知识、新价值的建设目标。

（2）三维核心组件：产品包含多种三维可视化组件，能支撑绚丽的可视化渲染效果，内部预置多类模拟推演计算模型，也支持三维空间可视化场景的迅速搭建。

（3）可视化框架：可视化框架是为可视化系统提供二维显示支持的基础，由数据图表和应用框架两部分组成。可视化框架将所有可能出现在二维场景中的显示内容组件化、模块化、标准化，从而形成一套性能最优、效果最佳、内容最丰富的可视化呈现套件。便于项目实施过程中组件的调用，减少错误率和代码开发量，提高实施效率，实现高品质可视化系统的快速构建，并配备专门的开发工程师团队通过搜集项目一线的实际需求对平台不断迭代更新。

（4）行业应用：通过数据可视化加强数据应用展示，基于数据资源化展示"洞见"数据更迭规律，解决挖掘数据价值、运用数据赋能的问题。

3. 硬件架构

平台采用可视化系统分布式部署的架构。从硬件层面，平台兼容各种规格的可视化设备，包括融合大屏、单通道大屏、多屏、单屏、透明屏等，所有设备统一接入可视化渲染平台进行自由组合，突破传统单一屏幕展示方式，通过平台做到一体化交互、控制、更新、部署与管理；从软件层面，平台同时兼容总分层叠式和并列平铺式的布局方式，并通过分布式架构实现布局的秒级切换，同时平台还兼容主流拼接控制器、视频流媒体服务器、大数据平台，可将多种软件系统接入平台，再通过单系统多级窗口叠加技术，实现软件系统的一体化展示需求。平台的硬件架构见图7.27。

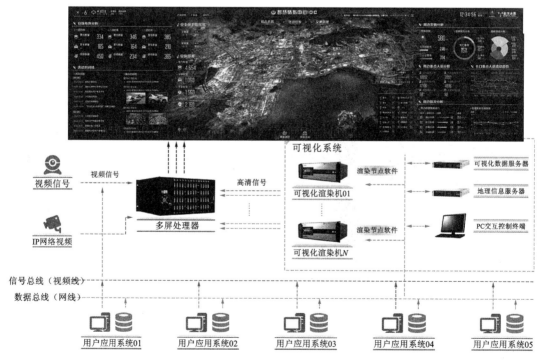

图 7.27　平台硬件架构图

7.3.3 系统功能

数据分析和挖掘的结果就是大数据价值的直接体现，时空大数据的可视化是以图形或表格的形式对数据集进行分析的过程。平台在原有的二维地图实时可视化、三维空间模型可视化技术基础上，又融入倾斜影像、点云加全景图像的全景三维可视化，并且连接实时数据的动态数据可视化。对于时空数据分析，二维可视化技术采用综合地图数据、传感器数据、视频监控数据、定位数据等信息数据，并通过搭建二维地图可视化引擎，连接根据专题、产品、社会等各种场景信息的时空大数据可视化服务，进行二维、三维加动态数据的实时可视化呈现。

1. 可视化图表

可视化框架是为平台提供二维显示支持的基础，由数据图表和应用框架两部分组成。可视化框架将所有可能出现在二维场景中的显示内容组件化、模块化、标准化，从而形成一套性能最优、效果最佳、内容最丰富的可视化呈现套件。便于项目实施过程中组件的调用，减少错误率和代码开发量，提高实施效率，实现高品质可视化系统的快速构建，并配备专门的开发工程师团队通过搜集项目一线的实际需求对该平台不断迭代更新。

数据图表包括基础图表、复杂图表、自定义组件及装饰元素。

数据统计图表显示柱图、条图、环图、饼图、玫瑰图、漏斗图、雷达图、仪表盘、信息列表、二维地理空间下热图、节点轨迹图、星光图等40余种统计图表。

数据分布显示散点图、多维雷达图。

数据关系显示环形弦图、桑基图、热点图、拓扑图等10余种关系图。

1）基础图表组件

（1）可视化分析图表。①统计图：单柱图、堆积柱图、簇状柱图（图7.28）、单条图、堆积条图、条状图（图7.29）、折线图（图7.30）、堆积图（图7.31）、饼图（图7.32）、环图、等比柱图、等比条图、等比堆积图、玫瑰图、漏斗图、雷达图（图7.33）、树形图、嵌套饼环图、气泡图。②仪表盘：半圆仪表盘（图7.34）、圆形仪表盘、条状仪表盘、柱状仪表盘、数字仪表盘。

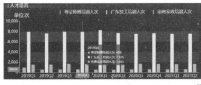 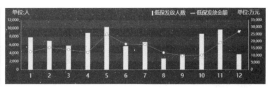

图 7.28　柱状图

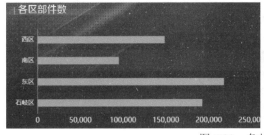 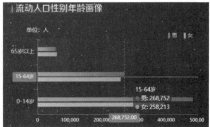

图 7.29　条状图

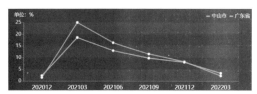
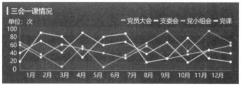

图 7.30　折线图

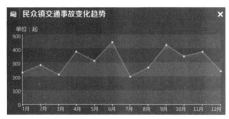
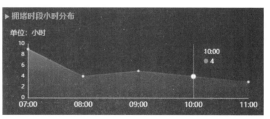

图 7.31　堆积图

图 7.32　饼图

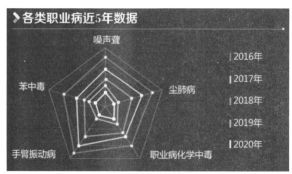

图 7.33　雷达图

图 7.34　仪表盘

（2）复杂图表。①分布图：散点图（图7.35）、多维雷达图。②关系图：桑基图（图7.36）、环形弦图（图7.37）、热点图、拓扑图、标靶图、树形图（图7.38）。

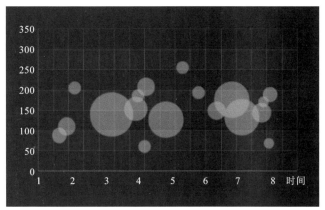

图 7.35　散点图

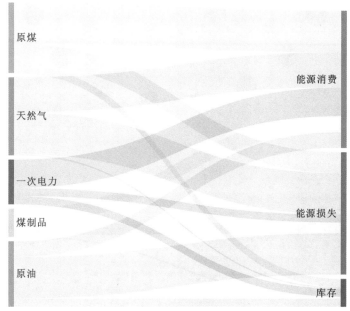

图 7.36　桑基图

2）二维空间组件

二维空间统计图：单柱图、簇状柱图、堆积柱图、单条图、簇状条图、堆积条图、饼图、环图、气泡图、区域图、指针仪表盘、数字仪表盘。

二维空间分布图：节点轨迹图、热图、星光图。

二维空间关系图：链路图。

3）三维空间组件

（1）三维空间统计可视化。单柱图、簇状柱图、堆积柱图（图7.39）、气泡图（图 7.40）、饼图、区域图等多种三维地理空间统计图，以支撑三维地理空间下的数据统计分析。

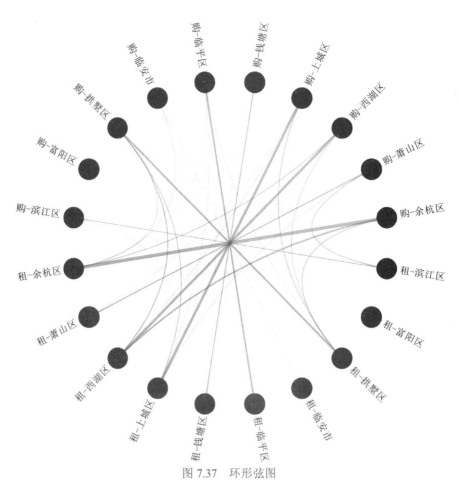

图 7.37 环形弦图

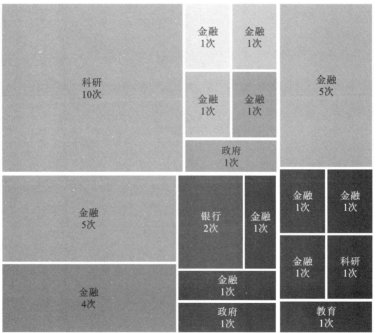

图 7.38 树形图

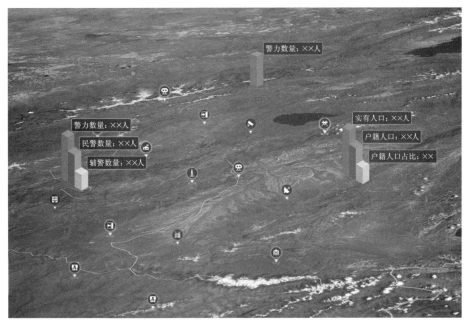

图 7.39　堆积柱图

图 7.40　气泡图

（2）三维空间分布可视化。支持节点轨迹图（图 7.41）、星光图、热图（图 7.42）等多种三维地理空间分布图，实现固定/机动目标的位置/分布/轨迹等信息展示，支持三维地理空间下海量目标标定，支持叠加目标标牌和数据标签等信息。

图 7.41　轨迹图

图 7.42　热图

（3）三维空间关系可视化。提供基于三维地理空间的链路图，对海量数据节点间的关联关系进行展示，见图 7.43～图 7.48。

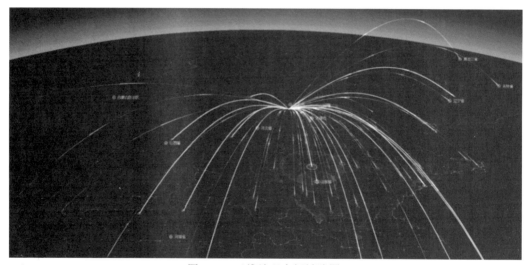

图 7.43　三维地理空间链路图

2. 可视化数据要素

1）地图数据

（1）三维地理信息加载显示。支持加载 TMS 格式地图数据服务，支持点、线、面地图要素图元的叠加。

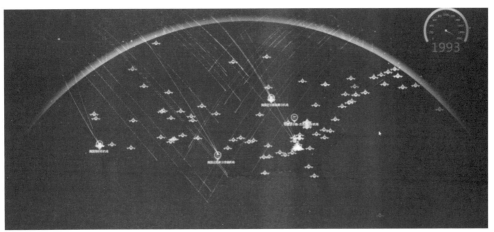

图 7.44　三维轨迹图

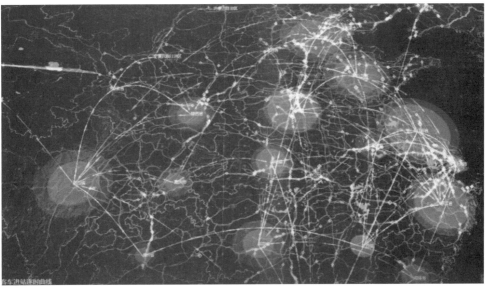

图 7.45　气泡图与链路图

图 7.46　气泡图与柱状图

图 7.47　栅格图

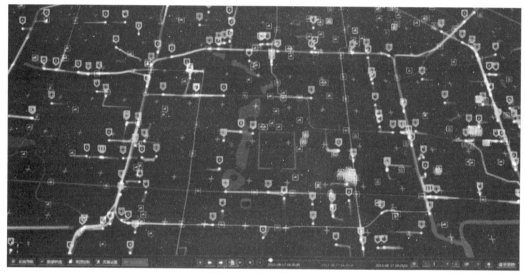

图 7.48　车辆轨迹图

（2）城市地形地貌渲染。包括全球高程数据叠加、倾斜摄影数据叠加（图 7.49），实现超大范围三维地形显示，真实还原地表、地块、山峰/峡谷、海面、植被、道路、建筑等地形地貌，实现全球范围、超大规模地形渲染，见图 7.50。

图 7.49　倾斜摄影数据叠加效果图

图 7.50　大范围城市建筑渲染效果图

高程级别：支持可视化系统三维地形显示，高程数据最高支持每像素 30 m（具体精度视高程数据而定）。支持的高程数据为 STRM3，具体区域的高程精度以数据来源方声明的精度为准。

地表元素支持 3 种配置方式：地图瓦片、GoeTif 图片、图片。用户可通过设置这 3 种类型的资源为场景配置地表。系统提供多种滤镜，用户可根据需要对地表资源的色彩进行调整，见图 7.51。

图 7.51　地表元素渲染效果图

地块元素支持 5 种配置方式：高程瓦片、GoeTif 图片、图片、网格模型（无材质）及模型（有材质）。用户可通过高程配置面板对地块进行调整、通过资源面板对资源的自有属性进行调整，见图 7.52。

图 7.52　地块元素渲染效果图

水体元素支持 3 种配置方式：地图瓦片、Shp 文件及网格模型（无材质）。用户可针对不同资源配置不同水体效果。系统提供添加默认海平面功能，见图 7.53。

图 7.53　水体元素渲染效果图

　　提供面积植树及单体植树功能，用户可通过配置 Shp 范围及相应植树参数在范围内随机种树，或者手动向场景中码放植被，见图 7.54。

图 7.54　植树渲染效果图

2）城市建筑及模型

　　（1）地信三维建筑。①城市精密细节展示。高度还原建筑/装备的外形、材质、纹理细节，支持实时高逼真细节效果渲染，此类模型多应用在参观展示方面，为参观的各领导和同行展示城市风采，展示城市运行新思路、高新技术等，见图 7.55。②地理信息精细模型。支持三维精细模型在三维 GIS 地图上的展示，充分体现三维核心组件在 GIS 引擎中的强大优势，将效果与地信完美结合，这种建筑一般用于城市级别的交通、城管事件的分析统计、人员车辆的跟踪等主题，通过真实的经纬度坐标地图与建筑结合，为准确把握城管事件的态势提供支撑，见图 7.56。③全面数据驱动。接入实时/历史数据、真实/模拟数据，动态驱动模型姿态及动作；依据用户视野动态加载不同精度的模型数据，优化显示效率，确保大范围、超精细场景流畅展现，见图 7.57、图 7.58。

图 7.55　城市三维精细模型效果图

图 7.56　三维建筑精细模型效果图

图 7.57　交通事件实时报警数据驱动展示图

图 7.58　车辆实时位置信息展示图

（2）场景三维建筑。①复杂结构显示。设备/建筑内部零部件、管线、传感器等复杂结构展示，高度还原建筑设备复杂结构，这种模型经常应用在重点楼宇的监测中，对建筑中的资源部署、楼宇结构、设施状态、人员轨迹、视频监控点位等做出详细定位，保障楼宇运行正常，见图 7.59。②逼真贴图纹理。采用高仿真程度的三维模型贴图，对城市建筑进行人工贴图处理，还原建筑外形，与现实建筑一致，符合信息实效性，此类模型主要应用在系统内部建设，比如楼宇、停车场等，辅助内部人员进行资源设备管理。③复杂动作支持。设备可动结构及动作展示，逼真刻画装备运动细节，真实再现装备的运转过程及工作原理。

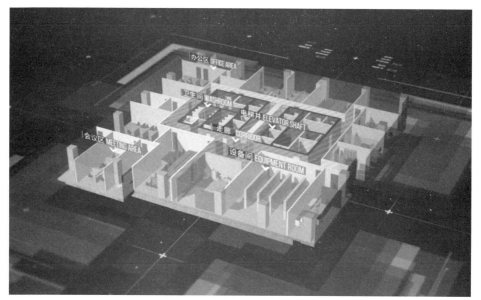

图 7.59　建筑内部结构效果图

3）城市部件

传感器工作状态可视化：预置多种电磁覆盖模型，支持瓜瓣体/椎体/矩形等多种传感器包络范围展示，支持数据驱动，实现各类传感器扫描范围/侦测区域、通信链路等电磁态势的动态呈现，见图 7.60。

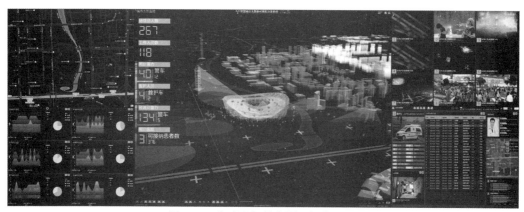

图 7.60　传感器扫描范围可视化界面

通信/指挥控制关系可视化：提供连线/条带/动画等多种可视化方式，实现各类传感器通信关系、指挥控制关系的动态显示，见图7.61。

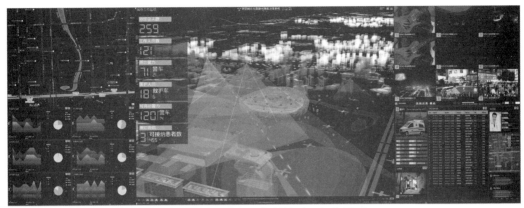

图7.61　通信指挥控制关系可视化界面

3. 应用功能

1）综合态势

集成监测摄像设备、移动感知设备、卫星遥感设备等产生的卫星遥感数据、监测数据、公共专题数据、互联网数据及业务特色数据，应用可视化技术，展示各主题的综合态势（图7.62）。

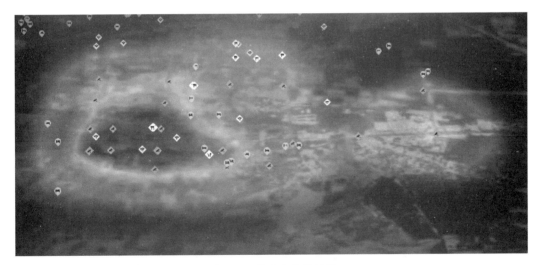

图7.62　综合态势效果图

2）目标监测

接入传感器产生的动态数据，生成监测目标的实时动态，将目标的动态变化展示出来（图7.63）。当监测目标发生异常时，系统产生异常预警。

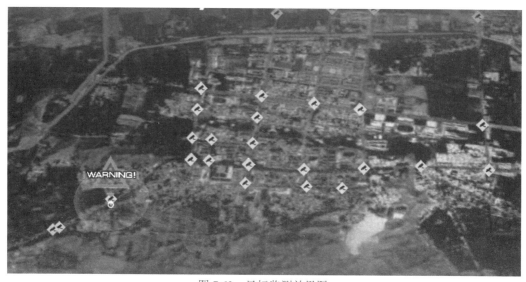

图 7.63　目标监测效果图

3）指挥调度

借助视频监控、语音通信等功能，远程指挥调度人员，协同处置异常事件（图 7.61）。

7.3.4　案例

1. 某大会安保指挥平台

基于时空大数据，对管辖区域内"人、车、地、事、物"进行全面监控，实现治安态势综合监测、警情警力监测、重点人员及重点场所监测、全时空情报数据可视分析等多种功能，辅助公安部门进行常态下警力警情的监测监管，应急态势下协同处置、指挥调度，如图 7.64 所示。

图 7.64　某大会安保指挥系统界面

2. 某市交警可视化指挥调度系统

系统围绕某市交通警务数据进行可视化分析，涵盖警务总览、重大活动保障、互联网路况可视化、应急处置调度可视化等多个主题，满足用户可视化研判、接警、指挥调度等工作的需求，为交通指挥决策提供支持，进而实现交通警务智慧式管理和运行，如图7.65所示。

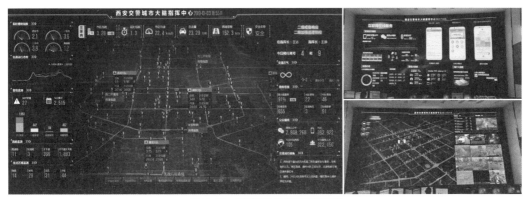

图7.65　某交警指挥系统界面

参 考 文 献

王俊, 2015. 基于智慧城市时空信息云平台的广州智慧城乡规划实施研究. 地理信息世界(4): 23-27.

姚小军, 2018. 浅谈智慧城市时空大数据建设. 智能建筑与智慧城市(11): 73-75.

张鹏程, 何华贵, 杨卫军, 等, 2018a. 智慧广州时空信息平台功能体系设计. 测绘与空间地理信息, 41(4): 16-18.

张鹏程, 杨梅, 何华贵, 等, 2018b. 智慧广州时空云平台功能即服务设计与实现. 城市勘测(6): 5-8.

朱庆, 2014. 三维 GIS 及其在智慧城市中的应用. 地球信息科学学报, 16(2): 151-157.